四川美术学院学术出版基金资助

乡村振兴之重建中国乡土景观丛书
主编　彭兆荣

乡土景观田野影像志

张颖　巴胜超　徐洪舒　编著

中国社会科学出版社

图书在版编目（CIP）数据

乡土景观田野影像志 / 张颖，巴胜超，徐洪舒编著
. -- 北京：中国社会科学出版社，2024.5
（乡村振兴之重建中国乡土景观丛书）
ISBN 978 - 7 - 5227 - 3423 - 1

Ⅰ. ①乡… Ⅱ. ①张… ②巴… ③徐… Ⅲ. ①乡村—
景观—中国—图集 Ⅳ. ①TU982. 29 - 6

中国国家版本馆 CIP 数据核字（2024）第 073851 号

出 版 人　赵剑英
责任编辑　王莎莎
责任校对　张爱华
责任印制　张雪娇

出　　　版　中国社会科学出版社
社　　　址　北京鼓楼西大街甲 158 号
邮　　　编　100720
网　　　址　http://www.csspw.cn
发 行 部　010 - 84083685
门 市 部　010 - 84029450
经　　　销　新华书店及其他书店

印刷装订　北京市十月印刷有限公司
版　　　次　2024 年 5 月第 1 版
印　　　次　2024 年 5 月第 1 次印刷

开　　　本　710 × 1000　1/16
印　　　张　18.25
插　　　页　2
字　　　数　270 千字
定　　　价　118.00 元

主　　编　巴胜超　张　颖

执行主编　张　颖　巴胜超　徐洪舒

重建乡土景观团队

彭兆荣	曹碧莲	杜韵红	冯智明	葛荣玲
何庆华	红星央宗	黄　玲	姜　丽	纪文静
刘旭临	刘　华	李元芳	李　桃	李跻耀
李　竹	赖景执	马丽媛	秦炜琪	覃柳枝
覃肖华	谭　卉	谭　晗	王莎莎	王　呈
吴兴帜	谢　菲	徐洪舒	余　欢	言红兰
闫　玉	杨慧敏	杨春艳	杨　帆	余媛媛
张国韵	张进福	张　敏	张　颖	巴胜超
雷雨晨	周星宇	曾嘉轩	赵诗嘉	万　鑫
赵　晗	张建龙	苏露露	肖　陪	史龙飞
陈俊岚				

序言 那每一处我少不了走三遭

彭兆荣

影像志中的六个村落，每一处我都至少去过三次。每个村子都有个性，像是人，去过的不一定就认识。邂逅是缘，认识是分，因此有了缘分。有缘未必有分。缘是认识，分是体验，是尽责。

第一个去的是桂北的龙脊。去龙脊瑶族村寨的因由有两个。其一，那是费孝通先生"引领"去的。早年就读费先生的事迹，他第一个"异文化"的田野调查点是瑶族村落广西金秀。新婚的伉俪去往瑶乡做调研，但他的妻子王同惠就在那一次田野调查中因事故不幸去世，留下了田野的悲壮。这件事激励了我。我的第一个"异文化"体验也选择了瑶族，桂北有瑶族的地方大多留下了我的足迹。这一走便是近二十年。跑龙脊自然就少不了。

20 世纪 80 年代末，我去法国留学，跟了法国老师 Jacque Lemoine 教授，他当时是国际瑶族研究会会长，我就这样跟着他做瑶族研究。广西是瑶族最为集中的地方，于是就去了。这是第二个因由。

龙胜县的龙脊地方有几个瑶族村寨，山上有，山下也有，梯田是那里的风景。那地方有一个支系叫"红瑶"的，妇女总是把头发留得长长的，平日里盘在头上，要洗的时候，来到溪边，头发就漂在溪水上，乌黑乌黑的，漂亮极了。年长的女性，一生不曾剪过，于是成就了世界最长头发的"吉尼斯纪录"。

跑龙脊虽有"缘"，更是"分"——我视之为一种学术的责任。

于是，当我要进行"乡村振兴之重建中国乡土景观"的计划时，我很自然地选择龙脊，因为瑶族、壮族，因为梯田，因为旅游，也因为缘分。只是，以前我是一个人跑，这一次是团队在跑，我们又多了一个"分"，情分。

第二个村子，云南的和顺。这名字很祥和，有暖意。弟子刘旭临选择这里作为博士论文的田野调查点。我有一个教学原则，尽自己最大可能，去到我的每一位博士研究生的田野调查点。去了一回，便喜欢。又去了一回，还是喜欢。去年干脆把那席明纳定在了和顺，把四十多个人一起叫去，开会、授课、讨论、分组调查，不亦乐乎。

和顺的宗族有特色，一个明代军屯的后裔在那里繁衍，八大宗祠雄伟庄严，耕读传统有声有色；地灵人杰，出了名人；又是农又是商，石璞宝玉，摆上了摊，今天还加上了旅游，乡土势力还强大。

第三个村子，贵州务川，弟子张颖由于其博士后研究专题是丹砂的缘故，去到了一个叫龙潭的仡佬族村子。我遵照自己为自己定下的原则，到弟子的田野现场去做考察。为师者，于是去了；有了许多现场的感悟。在这个贫困的山区村落里，原横亘着丹砂矿石的脉络，散落着零零星星的丹砂遗存，当地民众也还私下里兼顾着他们传统的生业。

仡佬人原有一支就是寻石而聚的人群，这一人群原本并非清一色的族群认同，也没有单一姓氏英雄祖先的家谱、族谱，这与我们认识的民族识别产生了抵触。现在龙潭古镇，有的房屋还残留着丹红色的窗框、门楣，这些是隐在深山里的村落风水布局。

2

第四个村子是厦门的曾厝垵，一个很有闽南味的村子。她面对金门的大担岛、小担岛，解放之初是"前沿"，两边老是响着炮，是"海防前线"的一个小渔村。改革开放后，成了海边环岛路上的一个很有风情、很有风景的村落。

曾厝垵今天成了"城中村"，已经被划为城市的一部分。先时，一批艺术家和厦门大学的外国留学生喜欢住在村子里，现在发展成为"驴友"们热衷的去处。渔村巨变，传统还在，海边的戏台常常上演外人听不懂，但当地人却听得入迷的地方戏。这个村子离我在厦门大学的住所不远，因而常散着步去。

第五个村子为糯黑，云南石林的一个撒尼村落。弟子巴胜超因关注撒尼人阿诗玛文化之传承发展，在糯黑进行了长时段的田野调研。我的老师尼尔逊·格雷本教授、我、我的弟子、弟子的弟子都到访此地，是为师徒代代相传。

撒尼语中，"糯"为"猴子"，"黑"为"水塘"，汉语意为"猴子戏水的地方"。如今，猴子不在，而水塘长留。身处喀斯特地貌区，村民们祖辈就地取材，创造了三间两耳的传统石板房样式，石头墙、石板路、石板广场、石磨、石碾、石台，堆砌成了一个石头世界，在乡村旅游的助推下，"糯黑石头寨"的美誉也传来了。

第六个村子，就是江村，原名为开弦弓村，因人类学家费孝通以此村为调查对象，完成他在英国留学时的博士论文，"江村"这一学名从此取代了原来的名字。费先生单单回访这个村子就多达 28 次。

江村可是一个了不起的村子，那里可以告诉我们很多"中国的道理"：乡土社会是怎么样的，乡镇企业怎么创业发展的，"苏南模式"怎么开创的，新任农业部长为什么从北京去那个村子调研。

第一个村子和最后一个村子都有费先生的"影子"。不独因为我是"费粉"，我崇敬他，更是因为他是"中国的乡土之子"（我在一篇文章中这样称谓他），他是中国学者中少有的最写明国情的。

每一个村子都很小，不起眼；她们都在基层，在底层；不去到，不认识；对于多数人来说，不认识，不足惜。是，也不是。自古国家称为"社稷"，那是什么？就是在土地上种粮食的地方。那才是"江山社稷"的真正领土和领地。

我决定继续到乡村去，继续选择下一期另外的村落，继续，直到我走不动为止。

3

目　录

二　龙潭石寨

三　闽南渔村

四　糯黑彝寨

五　桂北瑶寨

六　回到江村

一　极边和顺

河顺故和顺

彭兆荣

"缘分"是一个难以言表的情结。

去了一次和顺，便一而再，再而三。

一个中国边陲的小村镇，何以让我止不住脚步去看她？因为她美。

图 1　和顺野鸭湖的"孤舟蓑笠翁"（雷雨晨摄于 2014 年）

和顺的美在于她的共性中的特性，无论主观抑或客观，都无法排斥审美的自在与他在，主位与客位；就是说，和顺实在是美的，和顺在人们眼里同样是美的。

　　作为一个村落，和顺衬托了传统乡土社会的共性，天时、地利、人和。和顺之美还在于她的特色，宛如一位美人，只属于她自己的美。

　　如果和顺之美在于顺天地之法则，和人事之协同，以此推广，何患"地球村"不美？

图 2　巷子里的餐馆"和而顺"（巴胜超摄于 2014 年）

　　我想起了费孝通先生的十六字箴言：各美其美，美人之美，美美与共，天下大同。

　　去和顺原只是本职工作。弟子刘旭临博士论文的田野调查点选择了和顺，做宗族研究。

　　作为研究生导师，从二十年前升任"博导"之日始，我给自己立了一个承诺：弟子论文的田野调查点，我都亲临；特别近十年，所有弟子的田

图 3　农人、油菜花田与和顺古镇（雷雨晨摄于 2014 年）

野调查点我都到现场，包括做海外民族志的。这样的信守并非刻意，任何学校研究生院的规章条文中都没有这样的规定，也不能这样要求导师。我这么做，亦非与他人比况，事实上，如此之文字表述印象中尚属"首次"，而我，已经退休整整两年。我所以如此，只是出于简单的理由：指导博士论文时更有"现场感"，更有"发言权"，也更能帮助到弟子们。

图 4　我和弟子们在中国最大的乡村图书馆前（徐洪舒摄于 2017 年）

5

　　不过，三次前往一个小村镇，已不再因为仅仅去体验弟子的田野调查点；和顺作为村落的典型，村落的美丽，村落的文化，村落的积淀，村落的形制，村落的特色都深深地吸引着我。

　　2017 年 7 月，我组织了一次"重建乡土景观"计划的工作坊，我选择了和顺。

　　"和顺"原名"河顺"。村落因顺河而建，仿佛九州中国，因大禹治水，始立"中邦"。当我们把黄河视为中华文明的摇篮时，便明白了一个朴素的道理，人类的文明原写在水上。

图 5　和弟子们进行田野讨论（徐洪舒摄于 2017 年）

　　小河小水滋养村落乡土，"河顺"只是忠实于这一朴素的道理。

　　人类社会之"和顺"建立于自然生态的"河顺"。上善若水、河图洛书之深邃全部包容于简单的道理之中：顺其自然！

　　于是，在和顺的分组调研中，我每天除了检查其他各组的工作以外，只做一件事：顺着河流观察和顺村落文化之曲折：从自然开始。

　　中国的村落不简单，它是乡土社会的最基层单位，我们的"家"原本就在那里，没有"家"遑说"国"，中华文明自古以来说的就是"家国"：有家才有国。无怪费孝通先生以"乡土"定位中国——乡土中国，是为最为精准的概括。所以，无论我们如何引进外来的文明、文化，科学、学

图 6　在腾冲玉石市场调研（巴胜超摄于 2017 年）

科，无论我们实行什么样的国家工程，推行什么样的城镇化，都不要忘却这一根本国情：中国之"社稷"离不开乡土："社稷"的本义就是在土地上耕种粮食的国家。

图 7　顺着和顺的河流动的竹筏和船工（巴胜超摄于 2017 年）

　　如果我们把"国"视作一个完整的肌体，那么，乡土村落便是这一肌体的"细胞"。"细胞"虽小，却是基本。村落再小，也是不乏"体系"

的基础要件。所谓"麻雀虽小五脏俱全"。要细致地了解村落，仿佛解剖麻雀，现在的单一专业、学科实在难以完满分析之。

于是有了我们的跨学科团队的组合。此次工作坊，有来自不同大学和研究机构的学者、专家、研究生、志愿者，他们研修不同的学科：人类学、民族学、法学、历史学、文学、艺术学、生态学、地理学、宗教学、传播学、博物馆学、文化遗产学，其中大多又在各自的学科中有具体的专长和技能，如跨境族群、旅游管理、民宿研究、饮食研究，乡村博物馆、古迹修复、绘画制图，等等。

这是一次以学科整合，针对我国当前的形势，尤其是城镇化对乡土社会的覆盖、耗损为特殊语境而进行团队协作的田野调查和研究，显然，其具有"试验"的性质。我们并不期待完美，我们会根据这一期的调研工作进行总结，并努力在下一期的调研工作中更为细致、更为完整。我们的计划目标是：将这些村落重要的，必须保留和保护的，具有"文化特征"中"指纹"性的村落特色和特点分类调查、取证筛选并将其名录化。

事实上，和顺只是我"重建中国乡土景观"计划中的一个样本。在第一阶段的村落调研中，我们选择了以下村落样点，它们是：广西龙胜的龙脊（山地农耕及壮、瑶等民族聚集地，梯田特色）、云南腾冲的和顺（明代军屯汉族村落）、贵州遵义的务川（中国较小民族之一的仡佬族自然县）、云南石林的糯黑彝寨、福建厦门的曾厝垵（传统渔村成为"城中村"）、江苏南京高淳的漆桥古村落（孔子之 54 代世孙之繁衍地、栖息地）以及江苏苏州的开弦弓，即费孝通一生 28 次前往的"江村"。这些村落的文字材料和绘本我们将另行集结成书。

这一"乡土景观田野影像志"记录下了我们团队在和顺调研的具体场景，亲历者以各自的体验和感受为依据，尽可能做到图文并茂。"重建乡土景观"是一个完整的系列，包括"重建中国乡土景观"（理论分析）、"中国乡土志案例"（调研实录）、"图绘中国村落"（图画绘本）和"乡土景观田野影像志"（影像记录）。影像志以调研者的亲身经历为线索，以散文体加以表述。

我国正在推进乡村振兴战略，我们感到由衷的欣慰，因为这一战略是

图 8　与洗衣亭的中年妇人交流（徐洪舒摄于 2017 年）

图 9　和子弟们边走边讲（巴胜超摄于 2017 年）

9

真正回归"社稷"之本体、本位和本质。我们也感到特别的高兴，因为我们三年前开始的这一项工作与这一战略相契合。我们更感到十分开心，因为我在此前对一些行政项目和工程，特别是城镇化运动对乡土村落的破坏和耗损的担忧已经有了认识和警醒。我们同时也感到非常自豪，因为我们近百人团结协作，辛勤工作，且没有任何项目、基金会的支持，完全自筹经费，利用业余、课余、工作之余协作，现在已经陆续开花、结果。

我们的工作还在进行中，在我心里，在我眼前，总能显现、呈现、涌现他们工作的身影，他们的影像在我的生命中是最美的！

图 10　陷河湿地（焦强摄于 2010 年）

10

四季和顺

巴胜超　红星央宗

　　"和顺"，位于云南省腾冲县西南4公里处。几千人的小乡，居然出现规模宏大的八姓祠堂，方圆不到四平方公里的村落，巍然屹立九座牌坊。贞节牌坊林立之处，还有那么多的女子学堂。

　　走进和顺，不论是闾门、牌坊，还是照壁、庭院，首先映入眼帘的是"俗美风淳""景物和煦""礼门""义路""说礼敦诗""兴仁讲让""冰清玉洁""诗礼传家"等目不暇接的匾额，这都在提醒来者，在乡土中国的景观版图上，云南腾冲和顺是一个文化特例：十人八九缅经商，握算持筹最擅长，富庶更能知礼义，南州冠冕古名乡。

　　李根源诗中所云之和顺，亦商亦儒，却也把和顺亦农的底色给忽略了。我们可以谅解这种忽略，因为当你进入和顺时，牌坊、宗祠、月台、民居、桥梁、流水、湿地、洗衣亭等聚落景观，已是琳琅满目，很容易忽略和顺的农田、林地与农作之农政，金黄的油菜花、碧绿的稻田、妖娆的荷塘等，已然从农耕的繁重劳动升华为"农耕风景"：

　　　　远山经雨翠重重，叠水声喧万树风。路转双桥通胜地，村环一水似长虹。

　　　　短堤杨柳含烟绿，隔岸荷花映日红。行过陂陀回首望，人家尽在图画中。

图 11　午后小憩的和顺村民（巴胜超摄于 2016 年）

春天的和顺，桃红柳绿自不必说，最让人心动的还是铺满整个和顺坝子的油菜花。万顷金黄，明快而热烈，微风拂过，花潮翻滚，如金涛奔涌，仿佛要把整个古镇淹没。

阳春三月，时至惊蛰，是和顺赏桃花的最好时节。和顺的桃树不多，没有成林连片的，它们只是恰如其分地散落在古镇的不同角落，小桥边、碧水畔、古祠中……"短墙不解遮春意，露出绯桃半树花。"在不经意间与你相遇，给你带来意外的惊喜。

腾冲民谚有云"过了清明节，雨在树头歇。"清明过后，乡民开始种玉米，小桥流水、白墙青瓦的和顺就时常被蒙蒙细雨笼罩，让这个地处极边的古镇平添了一分烟雨江南的韵致。

图 12　和顺春（段登刚摄于 2014 年）

　　入夏，散落在和顺小河边、田野里的处处荷塘，水面上开始出现一片片铜钱般大小的新荷，微风拂过，荡荡漾漾，仿佛泛起绿色的鳞。夏至刚过，"短堤杨柳含烟绿，隔岸荷花映日红"，和顺成为赏荷的好去处。

　　邻近和顺湿地，有个叫鹭鸶窝的地方，是白鹭在古镇的栖息之所。温润如玉的和顺夏日，细雨蒙蒙，绿柳含烟，远山若黛。在斜风细雨的日子里，你会看到一行或几只白鹭掠过湿地丰茂的水草，飞向来凤山麓下的鹭

图 13　和顺夏（段登刚摄于 2014 年）

鸳窝，是一幅唐人笔下"西塞山前白鹭飞"的图画。

秋时稻浪翻，赏花，赏月，赏秋香。远山明朗，碧空净爽，整个和顺坝子稻翻金浪，金色是古镇秋日的底色，虽然没有春天里的油菜花热烈耀眼，但这份金色却能给人带来更多收获的喜悦，也为古镇保留了一份"稻花香里说丰年"的农耕岁月记忆。

图 14　和顺秋（段登刚摄于 2014 年）

在和顺，菊花远没有茶花名贵，它不娇贵，犹如默默无闻的平民，同样得到人们的钟爱。或金黄，或净白，或绛紫，家家户户都会有几盆。紫薇开花时正是夏秋少花季节，且花期长达三个月，故又名百日红。

和顺多桂花，最多的是丹桂，中秋前后，高大的桂花树上缀满了金黄色的细碎花蕊，与墨绿的桂叶黄绿相间，错彩镂金。清爽的秋风中，桂花的香味在古镇中的各个角落弥漫。

菱角算是最能代表和顺秋韵的风物。中秋时节采菱角，在和顺人眼中是一件充满诗情画意的事情。在天朗气清的秋日，邀三五知己，荷塘边寻一老屋，待月出东山。

冬日的和顺，天高云淡，风清气爽，和顺是一个让你能够遗忘冬天的村庄。冬日的和顺湿地，植被依然葱茏，水依然澄澈。秋冬时节，湿地旁的一池池荷花已渐凋零枯萎，没有了夏日里的"接天莲叶无穷碧，映日荷花别样红"，却多了一分"留得残荷听雨声"的诗意。如果遇到爱美的有心人，随手采上一支，寻一个土陶瓦罐一插，就成了一件自然、古朴、难得的插花作品。

图15　和顺冬（段登刚摄于2014年）

除了鹭鸶这位湿地的长住民外，冬日的湿地多了到这里过冬的野鸭和许多叫不出名的鸟雀，成群结队，呼朋引伴，一时间，碧水翠苇间，生机盎然。

图16　火山环抱田园牧歌的古镇（和顺古镇景区管委会2014年供图）

在和顺游走

巴胜超　雷雨晨

　　一百多年后，当我们循着"走夷方"的铜铃，以"重建乡土景观"的学术视野，带着学术的理性与景观的感知，走进和顺时，第一印象，如同在李清照的《如梦令》中游走。落日的余晖才洒遍荷塘与稻田，皎洁的月光已经接替着把野鸭湖梳妆得波光粼粼了，稻田，荷塘，蛙声，虫鸣，清新的空气和远处朦胧的山体，我们所能拥有的只有这些了。

图 17　在和顺的稻田游走（徐洪舒摄于 2017 年）

　　我非常喜欢"和"这个字，中国传统美学主张"中和为美"。"和"代表着追求多样的统一，"和而不同"更是中国文化精神追求的精髓。在儒家传统中，"和"更多地追求人与社会的和谐，主张心与物的统一；禅宗学说则更多地强调人与人心的和谐，追求心灵的澄净，"即心即佛"。

图18 村民走过寸氏宗祠（杨慧敏摄于2017年）

对"顺"的追求不用多说，字面上就凸显出它美好的意味。和顺古镇把这两个字融会贯通，形成了自己的风格，就像《流浪北京》中问："为什么喜欢北京？""北京，就因为这两个字迷人，我就喜欢这儿。"最初听到"和顺"，我也是同样的想法，"大乐与天地同和"的境界会让这次在和顺古镇的游走，绽放出不一样的旅行体悟：和顺，和顺和。

和顺的清晨，少有游客的身影，当大多数南来北往的行者，都还流连在和顺古镇的梦乡之中时，大榕树下的龙潭，已经开始了宛如天堂般优雅的舞蹈。

大榕树下的龙潭，源自古时有恶龙作怪而修砌此潭方能镇压此龙的神秘传说。龙潭方数十亩，潭中水为地下涌泉。

清晨，睡眼惺忪地站在湖边，一幕"印象龙潭"的好戏已拉开了帷幕。水面烟雾缭绕，远处云山烟树中，若隐若现地看到建于明代崇祯年间的元龙阁，这一幕好似海市蜃楼；揉了揉眼睛，金色的阳光就已经穿过远处的竹林，洒在湖面上，白纱瞬间变成璀璨的金纱。

神秘的龙潭似乎还不想让你看到她真实的模样，雾气向上，弥漫至大榕

17

图 19　冬日龙潭水暖，妇人浣洗勤忙（雷雨晨摄于 2014 年）

树，树枝上绿色的嫩芽在阳光的照耀下充满生机，把头转向另一处，这个天堂般的地方，在柔软的阳光下，她像个喃喃细语的女子，温婉而秀美。

我一时不知该如何形容她的优雅与从容。水光潋滟晴方好，山色空蒙雨亦奇，仙境至美，想来也就不过如此吧。

从龙潭朝古镇方向走去，野鸭湖以它大面积的水域占据你的视野。远处的山被我戏称为趴着的睡美人，腿部、臀部、腰部曲线凹凸有致。

偶尔会有几只野鸭划破湖面的平静，湖面上除了一艘小船和木桩别无他物，大片的空白就像是一位善于利用留白来表现意境的国画大师，研墨绘制完成了一幅"虚实相生，无画处结成的妙境"，伴着飘来的几缕烟雾，峰峦叠翠，俨然看到一副山川浑厚，草木华滋之态，恬静淡然的心绪油然而生。

这个时节，我坐在和顺古镇阳光下的某个角落，安宁美好，花香满怀。"无事此静坐，一日似两日。若活七十年，便是百四十。"中国还有几个这样的和顺？！

安静的古镇，店铺都还没有全部打开，放鸭人赶着大群的鸭子摇摇摆摆从邻家门口经过。一盆水泼到街道上，早晨做饭的声音也能进入你的耳

图 20　村民在河边洗菜（巴胜超摄于 2016 年）

图 21　银发老人在老屋前沐浴阳光（雷雨晨摄于 2014 年）

朵，屋檐倒映在街道上的水痕中，踏着倒影走过去，仿佛你也走过了数百年，经历了世事的沧桑。

街边的当地人不紧不慢地为小镇里的人们准备着早餐，不是秋天却会

图 22　清晨忙碌的和顺农家（雷雨晨摄于 2014 年）

有落叶飘下，完全不用担心它会掉进碗中破坏你的美食，旋转的落叶有着自己的故事，它们才不想卷入人间的是是非非。

半蹲下去，从白玉兰的视角看这个古镇，又会别有一番滋味。白玉兰静静地开着，从不担心会有人看不到她的美，洁白纯香演绎着自己的优雅。走进滇缅抗战博物馆，我驻足在月台前，终于可以从高处俯瞰和顺古镇的门脸了。水塘里的荷叶，已经在夏天圣洁地绽放。远处田地里色彩斑斓，以暗绿色为主，与水墨调的和顺古镇搭配极了。

三百多年前，徐霞客徒步翻越高黎贡山来到腾冲，把这里作为他漫漫遐征的终点站。而今，那些曾闯荡夷方的侨民在暮年时，也都怀着一腔执着重回腾冲，重回云南最美丽的侨乡——和顺古镇。

从腾冲城前往和顺的公路上远眺，古镇依山而伴，大片的田野好似绿色的地毯直铺到和顺的脚下。和顺乡，乡顺河，镇门前的牌坊上书写着"和顺顺和"，呈现出一幅岁月静好的田园牧歌式山水景象。围绕着古镇的小溪，溪水冲刷着两岸，也冲刷着一个个故事。几只大白鹅站在、伏在小溪边的古树上，完全不理会岸上的游人。

走到岸边，双虹桥上来来往往的人群和摩托车，让这座古桥充满了活

图23　村民骑着老式自行车过双虹桥（雷雨晨摄于 2014 年）

力，双虹桥是进入和顺古镇的必经之路，两块大牌坊竖立在桥的另一端。

　　佛陀阿难在出家前，在道上见一美貌的女子，从此爱慕难舍，因此阿难对佛祖说："我喜欢上了一位女子。"佛祖问道："你有多喜欢这女子？"阿难回答："我愿化身石桥，受那五百年风吹，五百年日晒，五百年雨淋，只求她从桥上走过。"

　　每每在遇到石桥的地方，我就会想起这段对白，眼前的这座石桥是最像故事中的那座，不知道他有没有等到她的经过，也不知道他还要再经历多少年才可以等到，偶然间我会看到一位女子站在桥上望着远方，风吹动着她的发丝，久久停留，是他在挽留她吗？

　　继续沿着小河和荷塘走，每隔一段会有一个古朴典雅的小亭子，在水边矗立，村妇在小亭子里洗衣，这是全国独有的洗衣亭，在和顺有六座。洗衣亭可以洗衣、纳凉，也可以在此坐着发呆，看着水就流连在脚下，也可以看着水中的倒影寄托相思。和顺男人亦农亦商亦儒走夷方，为了让家中的女人在洗衣时不被风吹日晒，在道光年间开始建了这样的亭子，这是远走他乡的和顺男人对自己女人最平易的馈赠。

　　漫步在火山石堆砌的小道上，听闻这中间最宽而平坦的石块被称作

图 24　在古树与晨雾中卖松花糕的和顺老人（雷雨晨摄于 2014 年）

22

"灯芯石"，若是路遇老幼妇孺必须得让道而行，和建造洗衣亭一样，这个延续几百年的习惯也正体现出和顺人乡居儒风的绅士情结。

　　走夷方归来的侨民，将西方精致的窗花、雕栏等装饰，融入东方淳厚的建筑元素里，最典型的一处即是建于 70 多年前的和顺图书馆。

　　和顺图书馆是中国最大的乡村图书馆之一，穿过雅致的花园小径，六角屋檐相称而翘，采用大胆的乳白色窗棂，使这简单的二层小木楼显得生动而睿智。还没有走进里屋，书的香气已经扑鼻而来，夹杂着花香，很久没有闻到这个味道了，记得小时候，我最喜欢把《新华字典》快速地翻动着，把鼻子凑近去闻书香。

　　图书馆一楼的外侧是阅读报刊的场所，光线洋洋洒洒地投在倾斜的长

图 25　在河边的洗衣，也创造了妇女们的公共空间（雷雨晨摄于 2014 年）

图 26　在庭院里晾晒（雷雨晨摄于 2014 年）

桌上，我随手翻开的一叠报纸竟是前一天的日期，不由得为这些翻山越岭才来到这间袖珍图书馆的报纸而感叹。

　　里间右侧是借阅书籍的地方，二楼则存放着馆藏图书，当时的知识分子从水路将图书运往缅甸，再用马帮沿着西南古道将书籍驮至和顺，路途之艰辛足以见证着和顺人对文化的渴求，因而到现在有很多学者都慕名而

图27 路边闲聊的老人们（巴胜超摄于2014年）

图28 木雕门窗（雷雨晨摄于2014年）

来，只为这里保留下来的图书孤本。

从牌坊上写着的"士和民顺"了解到，和顺古名"阳温墩"，由于小河绕村而过，故改名"河顺"，后取"士和民顺"之意，雅化为今名，现称和顺镇，牌坊是这和顺镇的名牌，大部分游客都会在此驻足留影。

图29　蜡梅（雷雨晨摄于2014年）

　　穿过牌坊向远处的田野走去，从远处看整个和顺古镇，镇子依山而建，整体十分和谐，夏天的和顺层次十分明显，田野里的稻谷是绿色的，荷塘的荷花是粉艳的，小镇呈黑白灰基础色系，暗绿色的山体包裹着小镇，眼睛尖的你会发现小镇里有不同颜色的花朵。

　　远方的落日，从青色暮云的缝隙中透出夺目的金光来，仿佛要融掉黑暗阴沉的天际线，和顺雾时间呈现出一种难以言说的静默与旷远，让人恍如身处久违的梦中幻境。

　　再次朝大门走去，穿过牌坊，走过双虹桥，每个人身上沐浴着温暖的余晖，太阳在和顺似乎从来没有消失过，走到小巷里讨上一杯热茶紧紧地握在手里，不用如孔丘临川，看着茶杯中水波不兴，可以感知时光流转，

图 30　出售松花糕成为老人们参与旅游的重要方式（雷雨晨摄于 2014 年）

图 31　农闲时的休闲（雷雨晨摄于 2014 年）

26

也可以感叹："逝者如斯夫！"

　　新建的和顺小巷建在溪水边上，风格与老古镇相得益彰，没有令人觉得突兀，街道更加宽广阔气，树上挂满了粉色的玻璃风铃，夏风拂过，一片清脆铃声。

图 32　在月台休息的老人（雷雨晨摄于 2014 年）

　　傍晚的酒吧街还没有灯火通明，溪边的桌椅已经摆放整齐，每家酒吧里放的歌曲都没有让你感觉到很嘈杂。

　　晚上不用特意地约三五好友，如果有必要相遇，终究就会在此地相遇。溪水潺潺地流动着，走进光线昏暗的小酒吧里，这里没有相思入骨，没有海枯石烂，眼睛看到的是简单而平静。

　　和顺古镇与野鸭湖间有一条大坝，走在大坝上你可以独享这浪漫的夜。

　　孩提时仰望天空，总觉得星星就是夜空神秘的眼睛。而现在，时间仿佛也和星星一样只是轻轻眨了一下眼睛，那个托着腮沉思不语的小孩忽然间就已不见，曾经静谧而安宁的世界也早已面目全非。

　　费孝通先生在《乡土中国》里说，我们正在拥有越来越多的房子，却失去越来越多的家园。

　　城市的灯火早已掩盖了夜空的星光，而此刻站在坝上，星光洒落在肩头，夜色深沉。水中倒映着远处的灯火阑珊，令人产生回家的感觉。

　　诚如梭罗在《瓦尔登湖》中说过，"让我们如大自然般悠然自在地生活一天吧，别因为有坚果外壳或者蚊子翅膀落在铁轨上而翻了车。让我们该起床时就赶紧起床，该休息时就安心休息，保持安宁而没有烦扰的心

27

态；身边的人要来就让他来，要去就让他去，让钟声回荡"。

在和顺，或许我们都会有这样一个夜晚。在某一瞬间你会觉得身下的床只是停泊在时光河流中的一叶小舟。这个时候什么都可以想，也可以什么都不想。

就像在家一样。

图 33　在和顺，有家的感觉（雷雨晨摄于 2014 年）

古镇考察手记

黄　玲

从高铁呈贡站出站后大雨倾盆，仿佛顷刻之间从酷暑跃入寒秋。来到机场，一直等到五点多都没有登机通告。最后传来的消息竟是因腾冲大雾飞机无法起降，中午之后到腾冲的所有航班全部取消。

人算不如天算，大家只好改签。这时云南本地的同门考虑到明天天气不会有太大改观，且腾冲机场设在高黎贡山下的山谷中，即便雨停了也难免云雾缭绕，遂建议我们将航班改签到腾冲旁的芒市，在德宏芒市机场降落后改陆路（高速公路）前往腾冲。

坐在云南本土奥凯航空狭窄的机舱里，思绪却像窗外的白云般漫无边际。中国古道纵横，历经了千百年的车马人迹，一路上多少金戈铁马洒落为滚滚红尘。如今诸多高速公路甚至高速铁路，已然将其覆盖在时光的地层之下。历经漫长岁月的淘洗，难道那些历史上曾发挥巨大交通与防御功能的古道，只能黯淡为羁旅行商笔下的墨痕？抑或静默为荒草萋萋的遗址？那么，我们此行又是否可以走出历史的断崖，唤醒石化的行者？

迷糊间，不到五十分钟，飞机降落在芒市。从德宏机场出来，扑面的热气和炙烤的阳光提醒着我们从云贵高原来到了亚热带地区。从地图上看，芒市在腾冲和瑞丽之间，均位于高黎贡山的西侧，芒市往西北方向是腾冲，往西南则是瑞丽，可通缅甸，三地联结成线，与蜿蜒流向缅甸的大盈江相互呼应。我们在路边的一家米线店里吃了一碗香辣十足的米线和水分糖分都极充盈的缅甸菠萝，开始往腾冲方向进发。

　　汽车沿着公路行驶，不多久，阳光变得柔和了，天空还飘起丝丝细雨，让人感觉从亚热带地区再度进入高原地带。车窗外，公路两边郁郁葱葱的绿树飞驰而过，山林茂密处再往高处便是重峦叠嶂、云雾缭绕。当车过龙陵大桥，在和顺做了一年田野调查的旭临师妹告诉我们，因桥是建在云贵高原之上，龙陵大桥成了当今亚洲最高的大桥。听闻我不禁透过窗玻璃探头往桥下看了几眼，不看不要紧，一看则吓出一身冷汗。龙陵大桥是斜拉索式的，本身坚固硕大的钢筋水泥桥墩因距离遥远而显得如此纤细颀长，又因其从两边山崖间的深渊谷底拔地而起显得高耸奇崛。我赶紧将目光收回，直视前方，以桥面的平整开阔来缓解其地势险峻造成的紧张感。不经意间，脑海蹦出一个词语"翻山华侨"。

图34　游客与在龙潭晨雾中打太极的老人（雷雨晨摄于2014年）

　　之前看过资料，说腾冲这一带因与缅甸地理相连，所以历史上常常有人翻山越岭到缅甸去谋生，进行贸易往来，天长日久，形成了一个固定的群体与相应的组织，于是这些往来中缅之间崇山峻岭的流动人群便有了"翻山华侨"这一形象而贴切的称号。如此险峻的山川峡谷，这些"翻山华侨"们得需要多大的勇气和决心才能够穿越啊？更何况，是候鸟一般的季节性迁徙往返?!

图 35　大马帮经过被徐霞客誉为"极边第一城"的
腾冲和顺（王华沙摄于 2008 年）

　　和顺人"走夷方"的滇缅通道，就在被誉为南方丝绸之路的"蜀身毒道"末段的永昌道上。"蜀身毒道"从春秋至今至少有 2000 年的历史，其所处位置在汇集高山大川的云贵高原，如此山川阻隔，因而在元代之前，"蜀身毒道"难以成为官道。直到 13 世纪云南成为元朝的一个行省后，为满足征缅之需滇缅通道得以拓宽，朝廷在途中设立驿站，"蜀身毒道"由此成为中国通往缅甸的正式官道。明朝时，在云南设立"三宣六慰"，采用"以夷制夷"的"羁縻"政策，并在腾越一带设立"八关九隘"，由此缅甸使团要入境中国必须经过腾冲的铁壁关通关换文。清朝时，腾冲作为边关的地位加强，成为"缅甸国入贡之道"。从今天的地图上看，我们可以勾勒出其具体的路线是从保山出发到腾冲、经古永，出了猴桥后进入缅甸的八莫、瓦城（今称曼德勒）等主要城市。

　　随着明朝边疆治理的加强，逐渐调拨移民落户屯兵。和顺人的祖先就是以此种方式来到腾冲。明洪武年间，明太祖平定云南，留沐英镇戍并置卫所。随后的永乐、正统、嘉靖时期，大量来自四川、湖南、江苏南京等地的移民通过卫所进入腾冲屯田落户，使得原居于此的佤族人逐渐向西迁

图36　士和民顺牌坊（雷雨晨摄于 2014 年）

移。据家谱记载，当初开创和顺的是寸、刘、李、尹、贾五姓，之后是张、许、钏、杨、赵等姓。明正统至景泰年间，战事平息，中缅边界相对稳定，阳温墩村军户陆续转为民户，因土地资源有限，和顺人开始在收割之后到缅甸谋生以补贴家用，第二年春播时再返乡，往来之间就捎带些物资，日久天长便逐渐出现了以此为业的商贩，形成"十人八九缅经商"的生计形态。对于和顺人而言，"走夷方"指的就是到缅甸谋生。在中缅边界民间贸易的铺垫下，缅甸丰富的物产资源吸引了中原巨商大贾甚至宫廷的太监、宝石采买官云集永昌、腾越，和顺人因语言和地理之便成为对外贸易的媒介。永乐五年（1407），明朝于翰林院下设立四夷馆，缅甸馆为四夷馆当时所设的八馆之一，由通晓缅甸语的和顺人担任翻译，为开辟中缅官方"通译"创造了条件。乾隆初年后，清代入缅贸易逐渐增多，中缅商业贸易有了很大发展，据《腾越厅志》等地方史志记载，当时的景象是"商铺林立""商道大开""骡驮马运，充路塞道"，和顺华侨在中缅的社会地位日益提高。

概而言之，历史上，滇缅古道既是一条中原王权的征战之道、纳贡之道，也是民间进行族群往来、商贸交易与文化通译的交通之道，这些古道

图 37　和顺遍布牌坊（雷雨晨摄于 2014 年）

的功能在不同的历史时期，有分离有叠合，但可以肯定的是，其并非截然二分，成了滇缅交界地区的生命线，尤其在抗日战争时期则成为重要交通动脉。李根源在《告滇西父老书》中写道：

> 云南是中国的国防重要根据地，居高临下，高屋建瓴，西南控制泰、缅、越，东北拱卫川、康、黔、桂。滇西又是云南西陲的重大屏障。握高黎贡山、野人山的脊梁，襟潞、澜、龙盈大川的形胜。且为通印度洋国际交通的唯一生命线。我们中国是民主阵线 26 国中四大列强之一，所赖以沟通民主同盟国地理上的联系，全靠滇缅公路一条干道。

　　回到和顺人的日常民生，一代代和顺华侨经历了在滇缅通道"走夷方"与"归桑梓"的候鸟般往返迁徙。外出缅甸谋生的华侨通过对宗族文化的坚守与弘扬来对家园进行反哺；甚至在国家深陷危难之际，不仅能够捐资筹款，修路搭桥，还挺身而出、联合抗日，用热血护卫和保障着"回乡的路"和"生命之道"。田野调查中我们到县城的腾冲博物馆、中国远征军博物馆参观时，常常都可见到华侨反哺家园的公益事迹。

图38　马帮雕塑（雷雨晨摄于2014年）

在和顺古镇的一家私人博物馆——耀庭博览苑里，主人撰文纪念其家翁：

34

先父杨俊杰（1899—1962），字绍三，是远近闻名的旅缅华侨富商，少年时受教于腾冲著名的教育家李景山先生；17岁时沿着先辈经商的足迹，受父亲的影响到腾冲永生源号和永茂和号当小伙计；1927年转至贺奔独自经营，后才至"耀庭号"继续经营。并扩大经营范畴，除翡翠外，还经营典当业和稻谷，还是腾冲火柴厂的大股东。1942年正值事业蒸蒸日上之时，日军进占缅甸，回家乡的路都被阻断。合家老小八口人都被迫逃亡于缅甸北部山野孤村、颠沛流离。盟

图 39　"和顺和谐"照壁（雷雨晨摄于 2014 年）

军反攻缅甸时，曾遭受不断地轰炸扫射，几次危及性命。父亲大半辈子用鲜血和汗水凝聚成的财产、房屋，因战乱化为泡影。1945 年抗战胜利后回乡探亲，并重操商务，往返于缅甸和昆明之间。1949 年从缅甸驮运一批棉花、棉纱去昆明，中途交通受阻，滞留家乡，再遭不幸，家庭财产损失。

父亲爱国、爱乡，热衷公益事业，中华人民共和国成立初抗美援朝，响应国家捐献飞机大炮的号召，尽力捐献支援。1928 年和顺建图书馆，捐了大量资金。"中华民国"时期建女子中学，与其他华侨承担起"女子可上学费用全免"义务。和顺修桥铺路建牌坊都鼎力捐赠。父亲自强不息，但由于时运不济，命运多舛，壮志未酬，晚年精神上受到极大打击，加上超负荷劳动摧残，1962 年病逝，留下永久遗憾，思念令人感叹。

在感佩这位华侨的爱国志向与公益善心的同时，我看到墙上复印着几页信笺，真是"烽火连三月，家书抵万金"啊！看着这封在战火纷飞中依旧完好无损的珍贵家书，我领悟到，古道的生命就是来自于华侨的心中对家园和归途的深切期盼。而这些则由养育个体生命的家庭事业渐渐惠及宗族乡里之公益，甚至担当着国家安危之重任。

图 40　和顺图书馆全景（和顺古镇景区管委会 2014 年供图）

图 41　和顺博物馆中的藏品（巴胜超摄于 2016 年）

36

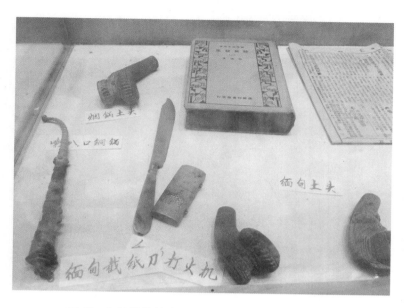

图 42　和顺博物馆中的藏品（巴胜超摄于 2016 年）

图 43　和顺博物馆中的藏品（巴胜超摄于 2016 年）

图 44　和顺博物馆中的藏品（巴胜超摄于 2016 年）

38

图 45　和顺博物馆中的藏品（巴胜超摄于 2016 年）

图 46 和顺博物馆中的藏品（巴胜超摄于 2016 年）

接下来村落调查这几天，主要是由一位叫寸时惜的叔叔带着我们。据寸叔说自己原来在和顺旁的昌陵县做教师工作，退休后一年中大部分时间都会在和顺，一是陪陪中风瘫痪的哥哥（和顺图书馆原馆长），二是做些搜集地方历史文化的工作。所以寸叔"文化人"的身份也对和顺文化有很深的情结。寸叔身体硬朗，步伐矫健，如果不是他自己说有七十多岁，我们都想象不到。

寸叔先带我们去看寸氏宗祠。寸氏是和顺八大姓中最大的姓氏，因此宗祠也是修得豪华气派。门口的两个大斗是表示家族中有举人，装饰的风格有中式也有西洋，还有缅甸的色彩。寸叔带我们进到里面，指着门厅两侧说这原来是家族的私塾，靠门的位置就是他小时候坐过的。和顺人以耕读为传统，后来发展到经商也需要识文断字，因此极为重视文化教育。自从由军户转为民户之后又发展为跨国商贾，越发认识到文化知识的重要，发家的华侨纷纷回乡助学由此形成了亦农亦儒亦商的身份认同。

出了寸氏祠堂，寸叔就带着我们从菜市街开始，沿着大石巷，到财神庙、中天寺走到望娘坡、隔娘山下。据说"走夷方"的前一天，村民会集

图 47 寸氏族人寸叔介绍"走夷方"的历史（徐洪舒摄于 2017 年）

图 48 村民走过寸氏宗祠（巴胜超摄于 2017 年）

中到财神庙进行祭拜，保佑此番出行顺利、异国谋生发财，第二天家人送到中天寺便是告别了，因为"走夷方"者频频回望，此地被称为"望娘坡"，再往前走过了"隔娘山"，就望不见故乡了。而"走夷方"回乡之后，也会到财神庙去祭拜酬谢。路边有一座供路人歇脚的凉亭，里面摆放着一些像缅甸那边家门口的水瓮一样的水罐。据寸叔说，最初是村里一些老妇人每天烧些开水供行路人歇脚解渴。亭子破落了村里人会择时再修，就这样一代一代传下来形成了传统。或许是老妇人能够在此通过过往行人来打听远走夷方的家人的消息吧，不然怎会能够如此坚持？

图49　寸氏宗祠内景（徐洪舒摄于2017年）

图50　寸氏族人寸叔介绍"走夷方"的历史（徐洪舒摄于2017年）

　　在望娘坡我们沿着公路折回，走到寸家祖坟之后再往下经尹家巷回到图书馆，第一天下来，把半个和顺古镇走了一遭。我们发现寸叔是一位非常爱讲故事的人，行程中他一路大步流星，边走边聊，路过哪家人开着

图 51　和顺小巷之夷方馆（和顺古镇景区管委会 2014 年供图）

门，就领我们进去，和主人大声打招呼，聊两句，让我们参观的参观，拍照的拍照，出来了还不忘"八卦"这家人的故事。我们一行人跟着他的步伐，一路小跑，没走多久，大家就有些气喘吁吁的感觉。寸叔谈得兴起的时候，中午也可以不休息，害得我们只好分成几拨人轮流跟着。

图 52　寸氏族人寸叔介绍"走夷方"的历史（徐洪舒摄于 2017 年）

　　几天下来，我们和寸叔就像一家人一样熟悉了。下雨的清晨，寸叔早早就在菜市场等我们，领着我们一众去吃和顺当地最对味儿的传统早餐稀豆粉。小店就在菜市口，往邮局方向走，一对中年夫妻经营着，两锅热腾腾的豆粉，需要油条和油饼的现来现煎。店里只有三四张小木桌，不宽敞但坐着也舒服，寸叔在招呼我们的同时偶尔转过身与另一桌人或者老板聊上两句。细腻香滑的豆粉热乎乎地吸到嘴里，油饼和油条的香脆在唇齿间弥散开来，再撒点辣酱，简直完美。寸叔说他一回到和顺，每天早餐都来这家吃稀豆粉，风雨无阻。

图53　和顺博物馆中的藏品（巴胜超摄于2016年）

一天下午在去魁阁的路上经过张家大宅，张家也是和顺的大姓人家，祖上也是有名的玉石商人。张家大宅东家不住在这里了，将院子出租给做客栈的，设有咖啡厅和餐厅。但院子格局还在，寸叔说要在这里请我们喝咖啡。我们进去选了一个靠窗的座位，窗外是一方大小相宜的荷塘，刚好把宅院与古镇勾连起来，显得远而不偏，自在清静。荷塘里朵朵粉色的荷花在微风中摇曳，隐约呼吸到荷花的清香。和顺莲藕是出了名的，房前村边都是荷塘，自然成为餐桌上的日常。这些天我们在和顺人家吃包餐，以莲藕为材料的家常菜各种蒸煮煎炸就不下四五种。寸叔不嗜烟酒，却对咖啡情有独钟，说这是父母在缅甸形成的生活习惯，很小的时候他受家里影响都自己研磨豆子煮咖啡喝，现在年纪大了图省事，但每天都会自己冲泡咖啡粉喝。咖啡送上来了，纯正的云南小粒，微微抿一口，香味馥郁，口感微酸，对于信息量很大的田野调查的午间时光，无疑非常提神醒脑。

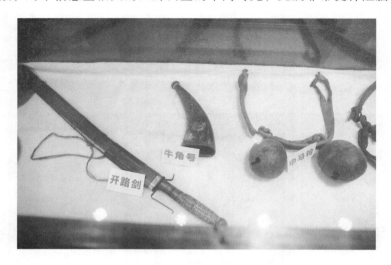

图 54　和顺博物馆中的藏品（巴胜超摄于 2016 年）

图 55　和顺博物馆中的藏品（巴胜超摄于 2016 年）

喝好咖啡，寸叔继续带我们去魁阁。出了张家宅院，过了洗衣亭，沿着大盈江的河道往西走，路边一大片是旅游公司包下来，开发为内设温泉

图 56　荷塘，是游人亲近土地的场所（巴胜超摄于 2017 年）

的高级酒店，但感觉人气不是很旺。上捷报桥，寸叔又给我们讲了捷报桥的故事。说是以前村里人但凡进京赶考，返乡时，金榜题名就从桥上过，名落孙山则只能从桥下回村。如此公然的奖惩可见当年和顺人耕读传家风气之盛。

从魁阁下来，寸叔又带我们去三官殿。三官殿里祭拜的三官是天神、山神与河神，都是本土敬奉的神祇。寸叔说，这里的住持师太为人很热心，好几年前收留了一位被父母遗弃在山门外的女婴，一直悉心抚养教导，现在女婴渐渐长大，不仅模样长得漂亮乖巧，而且人善良学习也好，村里人都很关心她。出家人也不愿过多参与俗世之事，简单招呼之后，师太就进入厨房准备晚间的斋饭，透过夕阳的光线，隐约可见师太清朗脱俗的背影。

当我们问到如果和顺要保留一些东西，应该是什么的这个问题时，寸叔毫不犹豫地大声说出"文化"二字。刚开始还觉得有些"被人类学了"的感觉，但一周调研下来，在和寸叔的交谈行走间，我感觉这两个字内里的丰厚与深沉。

图57 寸叔说，和顺最有价值的是文化（徐洪舒摄于2017年）

和顺古镇腌菜厂的董事长寸树华叔叔，也是寸氏家族的一位副族长，有六十好几了，依然在经营着自己的事业，他任董事长，儿子任总经理。依托自己曾经出缅经商的经验，加上家族传统的商业意识与经营理念，在改革开放时寸叔就在家乡开了腌菜厂，取和顺周边农户种植的蔬菜，采用传统的腌制方法，生产当地传统口味的腌菜，依托和顺的侨乡声誉和旅游影响渐渐创下了腌菜的品牌，而腌菜厂阶段性地聘请本地人员尤其是中年妇女来做工，一定程度上解决了当地的就业问题。寸叔一路坚持下来，事业做得相当不错，成为了和顺当地有名的企业家。

寸叔的工厂在尹家坡的顶上，地理位置较高，几乎可俯瞰和顺古镇全貌。坐在办公室里访谈的间隙望向窗外，正北方向看到一条正在修建的公路蜿蜒伸向远方，话题自然而然就转到了道路上。寸叔说那是通向缅甸的高速公路，抗战时发挥巨大作用的威尔逊公路。这条道路在抗日战争时期成为生命线，当时由众多华侨与当地百姓捐资出力来修建。修路是华侨的传统，到外面谋生发家之后，一定要反馈自己的家乡。在改革开放之前，自己曾经做过十年的石匠。村子四周就是火山岩，20世纪80年代修路的时候，村里人就结队上山采石，先用炸药炸开火山岩石，然后凿成三十公分长宽的石块用来修筑村中的道路，全村人都很重视修路，可以说是有钱出钱，没钱出力，大家都有一份。

寸叔早年曾去过缅甸，说到"走夷方"的传统，寸叔的语调有些沉重，说现在说"下缅甸"，以前就是去打工，和顺的华侨，有苦侨与甜侨，苦侨就是穷苦潦倒的，甜侨就是发财的，总的来说，还是穷的人多，收入中下水平的多。所以"下缅甸"是和顺人身上一种敢于闯荡发家立业的奋斗精神。这让我想起和顺当地流传的一首民谣《阳温墩小引》所言："我中华，开缅甸，汉夷收手……办棉花，买珠宝，回头销售；此乃是，吾腾冲，衣食计谋。"看来在"走夷方"这一财富传奇的背后，更多的是背井离乡、白手创业的艰辛。寸叔深知外出谋生的辛苦，所以他并不赞同外出发展，而是觉得留在本乡本土做事更好。

图 58　马帮雕塑（和顺古镇景区管委会 2014 年供图）

和顺内部的道路称之为"灯芯路"，即中间较为平整的一尺见方的大石块，两旁则是一些拳头大小的碎石块铺就，一般来说人们会自觉地让老人和小孩走中间。和顺老一辈人都遵循古训，所以"走夷方"发财归乡建造新房时，基本上是顺势而建，根据巷子的走向来建造自家宅院，如今已

图59 "走夷方"博物馆内景（和顺古镇景区管委会 2014 年供图）

图60 马帮雕塑（和顺古镇景区管委会 2014 年供图）

48

经被开辟为参观项目的"弯楼子"就是因此得名的。我们在和顺的街头巷尾、桥下路边，常常能看到一些修路建桥的功德碑，这些碑刻讲述着修路建桥的缘由与过程、分工与责任，过往行人不论驻足默念还是擦肩而过，碑刻作为一种无声的"宣告"彰显"行路之道"，对后代世人起着教化的作用，渐渐成了和顺人自觉维护、共同遵守的"日常之道"。

除了修路等大型公益事业，和顺人还可以根据自家情况做些小型公益。例如，我们在走"夷方路"时途经芭蕉关的一个三岔路口，看到有一些竖着的小碑，上刻几排小字："弓开弦断长命富贵；箭来碑挡易长成人。东至五合南至盈江西至盏西北至明光。"寸叔说这是指路碑，当一些小孩多病时，家里人就会到三岔路口竖一块小小的指路碑，据说这样小孩的病就能好起来。我们不必去追究其是否有治疗之效，但却起到了为羁旅行客指路的作用，无形中也为自己积攒了功德。

图61　"走夷方"成为旅游场域中的重要指示物（巴胜超摄于2016年）

但是在游客和资本大量进入的今天，和顺也出现了一些问题。例如，村里老人就跟我们谈到现在一些人家也出现了房产纷争，还有某些旅游公司在和顺搞开发拦门收费一定程度上影响了本地人正常生活和利益。如何保留处理村落事务和宗族事务的自主性，与外来资本博弈，抵制不良风气，这是和顺人所面临的时代挑战。

在即将离开的清晨，我想清静感受一下和顺，特地起了个大早，独自沿着寸家巷向菜市场走去。当时天空下着淅淅沥沥的雨，石板路泛着清透鉴人的微光，店铺紧闭，游客也没有出门，偶尔有城外农民挑着新鲜的菜挑子，以及两三个去市场买早饭的居民。这时，我看到前面一位穿着当地人服饰的老奶奶，突然停下脚步，慢慢地蹲下身子。我以为老奶奶身体不舒服，仔细一看，却见奶奶伸手捡拾一颗浮在路面上的鸡蛋大的石块，把它嵌入路石的缝隙里，然后还往下压了压。老奶奶的动作缓慢但却有力，看着她的略显佝偻的背影，我明白了古道沿用几百年却一直完好，是来自这些平常的举动与日常的爱护。

　　"道"从通道、导向、道理之意，衍生出生命之道、开放之道、反哺之道、人伦之道、天地之道，可谓生生不息。可以说，在滇缅通道上"穷走夷方"与"反哺桑梓"双向沟通，成为和顺人厚重珍贵的"家园遗产"，也是我国线路遗产所蕴藉的"道之生生"的生存智慧。

心中的"和顺"

刘旭临

    和顺古镇是我博士论文的田野调查点，在做田野调查之前，我曾两次来过这个古镇，印象极为深刻，也经历了一次所谓的"culture shock"。这种感觉首先来自和顺呈现出的画面，丰富而立体、生动而富有灵性。

图62　晨雾中的元龙阁（巴胜超摄于2016年）

    古朴宅院、朱门闾巷、贞节牌坊比比皆是，还有图书馆、文昌宫、宗祠、月台、楹联、牌匾、碑刻、木雕……凡此种种景观让人仿佛置身于一个书香门第的家园，似乎每一个建筑要件，甚至每一条道路、每一片砖瓦都是一首诗歌，把人带入情境去遐想，去探寻"古镇为何而来"？这样的感受嵌入脑际，以至于多年以后仍然深深埋藏于记忆之中。

后来我考上了厦门大学人类学专业博士研究生，当导师问及自己的田野调查点时，"和顺图景"突然浮现脑际，当即决定尝试从和顺古镇寻找值得研究的主题。

2016年10月我第一次走进和顺古镇做田野调查，经历当地的人和事。在导师彭兆荣教授的建议之下，我将和顺古镇的宗族作为研究的线索去了解整个村落的社会结构和体系，接下来的调查主要围绕仪式、权力结构、亲属关系、族谱、宗祠等去了解宗族的过去和现在，试图从宗族的演变过程中发现和顺古镇文化的特质。最后发现，和顺古镇的宗族源于明朝在腾冲戍边的屯军。

图 63　和顺"古处同敦"闾门（曹碧莲摄于 2017 年）

由于和顺与缅甸毗邻，"走夷方"成为当地的历史习俗，两地之间的商业往来成为日常生活的常态，以"族"为线的跨国关系在中缅商贸中扮演着重要的角色，也为日后跨国宗族组织的形成和两地亲属之间的交往奠定了基础。由此，屯军、边陲、商贸、跨国、流动成为理解和顺宗族的关键词。

图 64 寸氏宗祠（巴胜超摄于 2017 年）

图 65 古镇游客（巴胜超摄于 2016 年）

随着田野调查的深入，我发现如果只以宗族为单一视角显然不能把握古镇的整体，因为和顺积淀深厚，具有悠久的历史和丰富的元素，同时又置身于一个"旅游场域",那么和顺以怎样的方式吸引游客？旅游中，古镇的多主体介入又以怎样的方式分配利益，它们之间有怎样的矛盾？旅游如何改变地方人群的认知和观念？……这些问题仍然引发深思。但有一点不容忽视：和顺古镇的人文景观既被当作旅游资源，又凝结着乡民的历史记忆与情感归属，与生活经验共同形塑乡民的社区感和群体精神。

图 66　大月台（巴胜超摄于 2016 年）

令人担忧的是，随着古镇知名度的提升，四方游客纷至沓来，这些旅游凝视下的景观将经历一场"重塑"的考验。我们不愿看到，多年以后和顺会像丽江古城一样，成了一个"丢失了灵魂"的空壳，仅显现出虚幻的繁华和制造的繁荣。

2017 年，导师主持了一次意义非凡的活动，集结跨专业、跨学科的学者深入地方社会去调查和记录具有代表性的乡土景观，通过文字、图片、绘画等形式将景观"登记造册"并编列"乡土景观保留名目"，这无疑成为对当下城镇化、新农村建设、特色小镇乃至旅游所带来的地方同质化的一种深刻反思，提醒人们保护自己的物质和精神家园，留住文化之根脉，重建自己家园的自信心、自豪感和自觉性。

图 67　翡翠赌石台（和顺古镇景区管委会 2014 年供图）

图 68　和顺远景（巴胜超摄于 2017 年）

55

　　和顺古镇有幸被列为这个活动的一站，38 名学者于 7 月进入古镇，分别从宗族宗教、环境区域、农业旅游、民俗非遗、绘画摄影去记录和顺的乡土景观。这次活动强调的不仅是视觉化的人文景观，还包括景观中蕴含的地方认知与日常实践，以及他者对景观的表述和阐释，这里的他者既有不同年龄、不同性别的当地人，也包括游客。

　　因而，记录的内容排除我者的单一视角，而是多主体互为建构的文

图 69　我们的田野"席明纳"（徐洪舒摄于 2017 年）

56

图 70　师父与弟子讨论（徐洪舒摄于 2017 年）

本，更加趋于一种"真实"。

　　总有一种期盼，希望这份记录能够保留住心中的和顺，那个最美的和顺。

品味"和顺"

余媛媛

　　对于和顺一直有个困惑，地处云南边陲一个具有汉文化的古镇，有着何种资源能够吸引众多游客流连忘返？在全球化和同质化的当下想必其定有"过人之处"的内涵。2017年有幸能够跟随导师的团队，进入和顺进行田野调查。因为地形和天气原因，我们去程航班多次被延误，改签，取消，后"曲线救国"改飞芒市乘车才进入和顺。

图71　团队成员边走边讨论（徐洪舒摄于2017年）

　　在和顺田野调查期间我们得到了不少村民的热心帮助，75岁的寸时惜老先生就是其中的一位。从和顺图书馆老馆长家到寸氏宗祠，从尹家坡到百岁坊，从"走夷方"的古道到张氏宗祠、魁阁、三官殿，贯穿和顺的东西南北，寸老先生每到一处就给我们讲着和顺一砖一瓦的故事。

图72　和顺餐馆标识（巴胜超摄于2016年）

站在双虹桥的贞节牌坊前，寸老先生语重心长地说："'和顺男儿走夷方'是因为和顺的土地少，男子十八岁结婚后去往缅甸挖玉石、做生意，有的挣不到钱就不回来，也有的去缅甸以后死活不知，女人就守寡一辈子，村里就为女人立了贞节牌坊。所以歌谣经常唱着'有女莫嫁和顺乡，嫁去和顺守空房'。"

寸老先生的眼神深邃而悠远，停止在了时间的尽头，似乎回忆起了和顺男儿在外的艰辛和和顺女人的辛酸凄楚，大家也都进入了自己臆想中的和顺故事。过了片刻，寸老先生指着通往腾冲县城方向的马路："你看这条进入和顺的水泥路是县城公路。改革开放后，这里发展了旅游业，路就被拓宽了。以前的运输依靠马帮，马帮是腾冲本地人经营，马帮头目是有马帮运输经验的人。马帮不能进寨，一是寨子里路滑，二是马在路上拉粪，村民觉得脏，不允许马匹进入。我小时候经常在寨外见到马帮，交通

58

发达有车以后就没有马帮了。"

和顺是一个有故事的地方，它的每一条巷道都串联着一家故事，每一块石头都在彰显其功德，教化后人。走在这些古老的石块上我经常会驻足望向远方，看着远处的山坡，体会着家人对游子的期盼之情。

图73 和顺餐馆标识（巴胜超摄于2016年）

旅游开发以前，和顺通往外界主要有两条道路，一条是从村口路到史迪威公路（又称中印公路），另一条是马帮路（夷方路）。资源的限制迫使和顺男人们"走夷方"以谋生，妻儿和父母在家翘首以盼，想到此处我不禁感慨和顺人的生活不易，和顺"侨乡"的辉煌是世世代代和顺人背井离乡拼搏而来的。

除了道路，和顺的建筑风格独具特色，最为经典的当属宗祠。宗祠是景，也是地标，更是时刻提醒着和顺人应该遵循的社会准则。牌坊、洗衣亭、月台等亦是和顺的代表性建筑，是和顺社会的文化符号。如若没有强大的社会准则约束，何以维持和顺的社会稳定，何以让留在家乡的老弱妇孺得以生存，何以让背井离乡的游子们编织出以和顺为中心的网？

图 74　稀豆粉

（雷雨晨摄于 2014 年）

图 75　火烧猪肉

（雷雨晨摄于 2014 年）

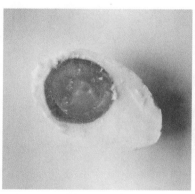

图 76　咸鸭蛋

（雷雨晨摄于 2014 年）

图 77　油炸河鱼

（雷雨晨摄于 2014 年）

图 78　头脑

（雷雨晨摄于 2014 年）

图 79　炸洋芋

（雷雨晨摄于 2014 年）

图 80 辣椒炒香肠

（雷雨晨摄于 2014 年）

图 81 辣椒炒竹笋

（雷雨晨摄于 2014 年）

图 82 鸭蛋拌米饭

（雷雨晨摄于 2014 年）

图 83 大救驾

（雷雨晨摄于 2014 年）

图 84 辣椒炒秋葵

（雷雨晨摄于 2014 年）

图 85 凉拌树花

（雷雨晨摄于 2014 年）

图86　五花肉炒土豆

（雷雨晨摄于 2014 年）

这座西南丝绸古道上的百年古镇，连接西亚和南亚，有着其独特的古韵之美。细细品味夏季的和顺是一片翠绿，翠绿的树、翠绿的水、翠绿的稻田，给人以清凉的感觉。古镇的主体部分依山而建，河水顺流而下，为古镇增添了不少灵气。人文底蕴厚，宗族观念强，是和顺的魂。这些内涵在中西合璧的建筑和巷道中得以彰显。和顺翠绿的山，翠绿的水和灰白的建筑融为一体，宛如一块晶莹剔透、秀丽典雅的翡翠。

此次和顺田野调查就像云南大理白族的三道茶，"先苦，后甜，再回味"便是田野调查的滋味。苦于路途的不易，甜在知识的吸呐和团队的默契，回味于人生难得的体验和对生命的感悟。

"任性"的田野，"温柔"的人情

王　呈

　　在未进入研究生阶段的学习时，我对远方的认识是通过旅行，而现在我多了一种观看方式，那就是田野考察。原本我是一个野孩子，独爱仗剑走天涯，可是走得越远越觉得漫无目的的旅行只是看看，旅途之后多半所得到的是半篮子会漏的人生鸡汤和半篮子瑟瑟发抖的孤独。带着这一篮子宝贝，我遇上了田野考察，这样一种可思、可学、可观、可游的有落地实感的"旅行"方式，隐隐觉着我的旅行多了一份厚实感，曾经的虚无落到实处，我更是偏爱进入田野考察后的那一份真诚。

　　思绪的翻飞和困乏的身体终于在9小时的长途旅程后有了归宿，大巴驶入腾冲旅游客运站后，就近找到一家能吃腾冲大救驾的餐馆，预订好附近的酒店，安顿好行李，入夜已是九点，沉沉睡去，仍不知和顺的模样，可是已感觉到那是值得期待的地方。

　　总说好事多磨，大部队的飞机因天气原因推迟至10日早晨出发，他们被滞留在重庆，而我也只好将自己滞留于腾冲。行程的意外变化，带来的并非忧虑，更多的是平静等待，偶发性事件不是麻烦而是乐趣。所以多出来的一日，我决定当一日的背包客，参与这个城市的24小时。

　　9日早晨在酒店吃了一份饵丝，它的味道足以充分打开一日的味蕾，这与湖南人吃一碗米粉的早餐习惯有相似之处，所以很快便能适应。饭后懒洋洋地回到房间静坐，想着今日的腾冲24小时应该如何度过。思忖再三定了三个主题：行——感受城区至乡村的交通状况；食——体会针对游客的外食方便程度；人——陌生情感交集时是否有亲近感；于背包客而言主题先行的行程会有负担感，拿捏好尺度其实挺难。就像进入田野考察后，你要把自己变成当地人，这个尺度的拿捏不容易。索性今日都不顾，糊糊涂涂行走也乐得轻松。

图 87　和顺集市口的早点（巴胜超摄于 2016 年）

图 88　村中的野趣（雷雨晨摄于 2014 年）

　　和顺的天气阴晴不定，雨季有雨是常态，却也不会让身体有湿漉漉的黏腻感，这与重庆的潮湿天有着天然的差别，因为突然而至的雨，城市的24小时瞬间没了一半，我仍旧放平心情，只做等待。在酒店等太阳的几小时里，我开始到处晃荡，和前台的员工聊聊天，和狗狗逗逗乐。这里其实是一家别墅改造的家庭客栈，虽取名酒店，倒是在疏远感中找到了一份亲近感。前台的姑娘以如沐春风般的和气让我开始爱上这个城市，时不时与我调侃起腾冲的紫外线是如何把她们一步步"逼进"厚外套。这种慢悠悠并带着生活气的话语，使得等待期间非常舒服。与其说这是一个城市，毋宁说这是一个小镇，不张扬、不压抑，踏踏实实的。看多了文青标配式沉吟、慵懒和居所，倒觉此地少了分矫情，多了分自在，后来才知，"走夷方"是老辈的生存之道，这份果敢大抵是长在了后辈的骨子里，生发出一种朝气。

图 89　和顺廊檐小景（雷雨晨摄于 2014 年）

65

图90　上学路上（雷雨晨摄于2014年）

　　稍不留神午饭时间至，想着我的主题体验，于是外卖成了首选，哪怕我正处西南边陲，属于互联网的快捷和方便也丝毫不逊色，几乎当地的美食都能找到并且能够送达，意料之外情理之中，所谓的落后只是相对性的概念，恍惚间我甚至觉着我被时间给抛弃了。以前车马很慢，想快而无法得。如今舟车劳顿，知慢而无从享。时间真实到可以被记录可以被观看，处处可见、处处可问，你我的时间没有差异，可是什么是时间，它又为何正在撕裂一个时代的安静，不停地奔跑，又被时间鞭笞。慢慢地不知道我是谁？我将走向何处？终极问题的思考，常致虚无，反转适时的安慰和意义的叠加，似乎有了厚度。田野所思有些冗长，但不忍舍弃。于思，这次的田野考察于我确实越发具有意义，在田野中看到自己，那个被解放了思想和身体的我在田野考察中找到了暂时的归宿。

　　任所思无尽，饿了吗？这才是落到实处。腾冲大救驾始终占据着我的食物可选排行榜第一位，换个说法，我也只知道这个与皇室权威有关的美食。我想各家应是各有其味，人工智能治好了"选择综合征"的病症，但选择与这个城市有关的味道原本是主观的，可是却总有一种心甘情愿被排名牵着走的感觉。曾经为找寻所到之处的美食愿意走上好几里路，觉着寻

图 91　和顺街景（巴胜超摄于 2016 年）

觅犄角旮旯的美食这一过程是融入一地的方式,看看土著的生活,这才不枉到过远方。寻味城市一角最有"人味"的美食于我是旅行必不可少过程。可是当下,我不得不说我被媒介改变了,数字化生存时代,一切生活方式与生产方式都在被改变,我也被异化了,这种异化甚至是心甘情愿的,有人说懒是文明之光,想来不无道理。

图 92　和顺街景（巴胜超摄于 2016 年）

　　当下因互联网经济的互联互通所带来的快捷和高效是现代人不可或缺的时间保证,可是其背后属于"寻找"的味道被隐去了,这是可惜的。食物在高度雷同化,味道变得单一,好吃不再是长留齿间的余味;平台的选择如雨后春笋,各家都是奇货可居;远方不再是遥不可及,图像泛化的时代,远方的神秘感一再被剥夺。总谈同质化,我便生了疑惑,向上和向下的互动是互联网时代的产物,人们隐隐地对公平有了急不可耐的期待,同质化不总是糟糕的,其优劣相伴而生。

图 93　　"和顺和谐"牌 (张进福摄于 2017 年)

　　城市 24 小时被雨天掳走了一大半,背包客似的观看停留在了想象。下午 4 点,就着以时速半分钟吧嗒吧嗒落下的豆点小雨还是出门了。在旅游客运站门口乘坐 2 路公交前往珠宝交易市场继而换乘 6 路公交去往和顺景区,提前看看和顺的模样,是一直的期待。整个行程所需时间在 30 分钟之内,对于背包客而言是最为方便和节省的出行方式,换乘等待公交的时间也在 10 分钟以内,6 路公交是和顺人往返村与城的主要线路选择,一点也不折腾。属于城市的便捷已不是都市的特权,小镇的现代化超乎想象。

　　公交行至东山脚,影影绰绰地有了些田园风光,无法想象没有农田的

图 94　和顺街景（张进福摄于 2017 年）

图 95　王呈的田野（张进福摄于 2017 年）

69

村落会是何种景象，幸而和顺仍旧韵味犹存。城市交通是判断现代化渗入程度的一个因素，基于自己的实践，可知和顺古镇的村民进入腾冲市区非常便捷，似乎和顺村就是这个城市的外围，将来如若突然矗立起一座高楼并不会让人惊讶。政府宣传性的文明标语随处可见，从城市到乡村，符号化的文字展示构成了流动式的展呈景观，城市与乡村的区别越发没了界限。城与村往大了说是面积的区别，是行政的区别，是建筑样态区别，往小了说，于生活其间的人而言，大抵不会那般在意这些区别所产生的身份区隔。于人于己方便，那"我"便不必离开"我"久居的老屋。这个看法的形成，与我在6路公交上同一位和顺村民的闲聊有关。这也提醒了我，你所想非他人所想，可是你所想也是他人所想，即便我与他者从未有过交集，即便地域和文化有差异，可是人之于生活的所感，大同小异。

图 96　和顺街景（张进福摄于 2017 年）

图 97　荷塘边垂钓（巴胜超摄于 2017 年）

下了公交坐在景区门口的条凳上面，对着停车场观望了许久，定义为发呆，仅此而已。时至傍晚7点，因当地天黑时间在20：30分左右，所以公交末班车也会收班较晚，但我特意选择出行软件叫车返回所住酒店，也是希望探求一下，边陲小镇在城镇化进程中，城市人的营生方式给他们是否也带来了额外收益。无须多言，呼叫打车软件的方便和快捷程度与都市并无差异。针对背包客群体而言，和顺景区到达与离开方式的选择还是相对多元和方便。城市24小时的行程有些匆匆，余下的8小时属于夏眠。

图98　讲述宗祠故事的男人们

（巴胜超摄于 2017 年）

图99　讲述宗祠故事的男人们

（巴胜超摄于 2017 年）

并无过多着色的一日，是我真正进入和顺的第一天，其实初到一地，属于"腾冲—和顺"的生活与生命样态在细碎的时间流转之中略有触及，城市景观虽致人疲累，但形成和顺印象最主要的部分仍是当地的人，包括他们的生活样态、身体姿态、面部表情、呢喃碎语等，都是形成情感交集的重要因素。我不刻意去采访，选择偶遇或随意攀谈的方式试图寻找人与人之间的共情感。即便我们各自身在彼此认为的远方，可是人还是人，情感之间的连接不会因地域而有太大的分别。关于遇见"当地人"感受"人情味",说来其实特别接地气。地理环境固然是形成当地地域特点的重要因素,可是"人"之于其中才是原动力,有人才有生活、生机、生长,世间样态纷繁复杂,所谓:"无名天地之始,有名万物之母。"玄而又玄,以致半夜混沌。

图100　装饰有国外进口铁艺花窗的民居(巴胜超摄于2016年)

24小时只是一瞬,却又重复而绵长,每日之思,如若洪流,又觉味同嚼蜡,喜色与灰色是情感之于一日的反复。想来切合实际才最真实。就如乘坐2路公交时,看着司机在开车的过程中一只手缓缓悠悠地拨动着方向盘,另一只手不间断地往嘴里送零食,这份实实在在有如"山高皇帝远,恣意自由间"的坦然姿态才是真切的。看见和顺的第一日,其气质总归是温柔、自在、没有戾气。当然主观感受会有片面之处，不过我仍然选择相信我的真切所感，这甚至比客观看待来得更真实。我有时害怕为了客观而忘了情之所起。其实那些为人所特有的丝丝密密，绵绵柔柔的敏感所建构起来的印象或许才是真实的。

图 101　月台（徐洪舒摄于 2017 年）

图 102　洗衣池（徐洪舒摄于 2017 年）

73

　　大都市化的层层推进和城镇村的加速一体化，我们甚至都来不及思考，我们丢弃了什么？我们又创造了怎样的历史？着眼乡土，如若农田成了地基，河鱼变成了圈养，古建穿着新衣，熟人社会变成完全的利益共同体，乡土于我们是否终将成为记忆？这样的思考让我陷入恐慌，正如无处安放的青春一般，易逝难再来。所以这次来到和顺的一批学者，是在为未来留存一份可供回溯的记忆。城镇化的蓝图使得每天都有一个村落在消失，相伴随的是一个城市的出现，谁也不知道未来的孩子是否会爱上眼下这一片土地的模样，如果他们要回到过去，应往何处寻？这是老师们来到和顺要做的事。于和顺，于这里的老百姓，他们希望自己的家被改变吗？如果必须改变，他们希望留下什么，走向何处呢？和顺是和顺人民的和顺，顺和是和顺人民的礼德，介入乡村建设的官员、商人、学者理应去听一句老百姓的声音，这是他们的家。

　　"任性"的田野，"温柔"的人情，这是我的一份福德。

和顺意象

李元芳

　　和顺由于地理位置的特殊性，存在于人们的笔下，记事记情，存感存实。腾冲和顺，和顺镇是云南省保山市腾冲县辖镇，位于腾冲县西南四公里处，东邻腾越镇，南邻清水乡，西邻荷花乡，北与中和乡接壤。大自然中有那么一块地方，在历史的长河中，也留下了属于自己特有的篇章。

　　和顺，据记载，起初不是这名字，之前的"河上邑""河顺"都是与水有关，印证了当地的洗衣亭是一大景观之特色，也是因为有了丰富的水资源，人们的生活才得到延续。

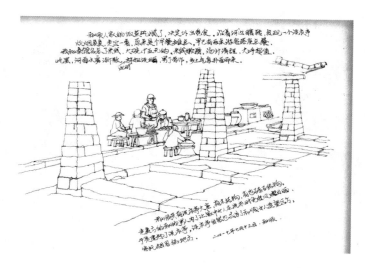

图103　洗衣亭（李元芳手绘于2017年）

图 104　洗衣亭（徐洪舒摄于 2017 年）

　　在前人的描述中，昔日的和顺应该是有着优越的地理环境，人们都过着富足的生活，腾冲位于西南边陲，毗邻缅甸，曾是西南丝绸之路的要冲。看到抗战博物馆，才知道 1942 年 5 月，日本侵略军侵入，占领腾冲，到处烧杀抢掠，给腾冲留下了一段黑暗的日子。之后，腾冲人民又展开了新的生活。

　　小村庄里有桥有河，有绿树和稻田环绕，有开满了池塘的荷花，人来人往走在镇里，这就是如今的模样，也是和顺的存续。

图 105　和顺刘家祠堂（徐洪舒摄于 2017 年）

图 106　和顺映古客栈（徐洪舒摄于 2017 年）

图 107　和顺故乡客栈（徐洪舒摄于 2017 年）

77

　　脚踏在路上，有"走夷方"的人流车马印，也有亦耕亦农的生活印；走进镇子里，在双虹桥上看到很多卖松花糕的，还有桥两边的荷塘开满了荷花，路上车来人往，一派欣欣向荣的气息。早晨的宁静，中午的喧闹，傍晚的开阔，也能想象以前的古镇。路过洗衣亭，虽然现在大家都是用洗衣机洗衣服，也只是生活方式的改变，能够想象以前妇人们在洗衣亭边洗衣服边聊天、嬉闹的场景。

多年后，我跟着有学术理性思考的团队老师们，再次走在和顺古镇里，学画画的我这次没有用画笔描绘这些场景，但是这些场景却印在了我的脑海内存中，有了老师们的带领，我多了不同于往日的写生，更多层次地去感受，还多了些采风的意味。一天下来，从早晨到夜晚，有雨有阳光，有景有人，感觉好像来回游于朱自清、余秋雨等的散文中，如画如诗。

图 108   和顺小景手绘（李元芳手绘于 2017 年）

情感这个词，我认为不应该把它单独地抽离出来，形成一个抽象的名词或者代名词。就如这张照片一样，当地人说之前这里都是田地，路是后来修的，那么人们对这片土地的态度和看法，以及感受，这就是情感，而这个情感的载体就是这些真实的土地。情感也成了一个载体，承载着不同的东西与痕迹，在时间的推移中有着空间的厚度。

图 109　月台手绘（李元芳手绘于 2017 年）

图 110　月台（徐洪舒摄于 2017 年）

　　我们在田地里，进行了深度访谈之后，一次次地触动了我的心，越发觉得人类学与艺术的内在相通性，只是表达方式各有千秋，但都是内心的

图 111　牌坊（曹碧莲摄于 2017 年）

图 112　荷塘上的亭台（曹碧莲摄于 2017 年）

真实表达。他者、我者，我想自己慢慢地有了些体会。

　　吃了蔺大妈松花糕后，真的觉得和其他家的味道不同，她家的甜味恰到好处，清爽可口，不腻。蔺大妈松花糕是上过中央和腾冲电视台的，所以也广为人知，在当地颇有名气。整个聊天的过程中，蔺大妈夫妇都显得很从容自信，卖松花糕也有自己的原则，价格低一点不卖，而其味道就是

图 113　客栈手绘（李元芳手绘于 2017 年）

　　她自信的底气。

　　这几天在这边都吃很多有当地特色的食物，我想特产也许是因为每个地方的都不一样，味道都能代表那一方水土的特色，承载着人们的感情，体现人们的生活方式，对于乡村建设来说就更应该以人为本，这样才会像当地的特色小吃给人带来难忘的味觉一样，给人们在心中留下抹不去的认识和感受，人们总是对异的文化充满欲望和新鲜感。

　　在深夜里回想今天发生的事，看似没有和农业直接相关联，但是让我想起在一本书中看过的道理，其大致意思就是：很多事情就像"拓扑关系"，是指满足拓扑几何学原理的各空间数据间的相互关系，即用结点、弧段和多边形所表示的实体之间的邻接、关联、包含和连通关系。如点与点的邻接关系，点与面的包含关系，线与面的相离关系，面与面的重合关系等。

81

图 114　和顺顺和大门（徐洪舒摄于 2017 年）

　　田野调查的最后一天，每次田野调查结束后就有别离，不愿回去。我们每个人都有自己的寻求，都有自己关注的点，而最后发现，可能在田野调查的过程中我们所寻求的东西已经存在，跟随我们的脚步，被我们带走！

图 115　野鸭湖 （徐洪舒摄于 2017 年）

　　也许，当早晨被开门的声音喊醒时，你没有那么急躁，当晚上躺下睡觉时你没有那么浮躁，可以心平气和地去做很多事情。

　　就如我曾经写下的作品简介一样，静下来我似乎能听见树枝发芽的声音，花苞欲放的声音，树叶变黄的声音，东风来临的声音……

　　慢慢地加上我们依依离开和顺的声音，有声音，有回忆的影像画面，就会像视频那样帧帧保存！

图116　双虹桥（巴胜超摄于2014年）

乡里的图书馆

曹碧莲

　　我们一行人满怀激动地来到江北机场，准备我们的和顺之旅。大家也在机场继续学习"师爷爷"彭兆荣教授给发的文章。由于天气原因，前往和顺的飞机延误的延误，取消的取消，我们的航班也没能幸免于难。

　　经过了延误—取消航班—再延误，我们看到了早晨5点多的机场路，也看到了重庆6点多初升的太阳。在机场滞留一天后，终于在10号早上7点半登机，9点半到达腾冲机场，迎接我们的是腾冲的大雨，不过，天空真的很美，云很低，温度17℃也"巴适"，刚好躲过了重庆的40℃高温。

图 117　和顺图书馆大门（徐洪舒摄于 2017 年）

师爷爷说:"费孝通当年从上海出发到广西做田野,走了二十天。我们走二天,因为天是二的。这是一种田野体验,感受团队的温暖。"就像张颖老师说的"好事多磨"。

田野调查的第一天的感觉就是累并快乐着。早饭后9点我们在和顺人家开了研讨会。会上,各个老师对我们这次的调研方向,怎样调研做了详细的介绍。在上午的讨论中,其实感触最深的是文静老师最后的发言。她阐述了一些很现实,很残酷的事实。旅游的冲击、商业的冲击、利益的冲击、社会的矛盾等等都是现在在乡村建设下的一系列问题所在。

图118　图书馆外借处（徐洪舒摄于2017年）

旅游对当地人生活的直接影响,在和顺图书馆中可见一斑。现在和顺人很少去图书馆看书了,都不去看了,更多作为一种装饰。以前图书馆的环境好，当时管理员都是和顺本地的，一般乡间有点面子的人进去，他就赶忙去倒茶去拿书。图书馆的环境特别好，外面有草地，读书人就靠在草地上，有的坐在馆里面看书，周围根本听不到一点杂乱声，只有挂钟嘀嗒嘀嗒的声音。

图 119　图书馆阅览区（徐洪舒摄于 2017 年）

图 120　胡适题写的牌匾（雷雨晨摄于 2014 年）

现在发展旅游后，图书馆作为一个旅游景点每天都有很多人去参观，导游们的小喇叭不时地叫唤，一天进去出去，一会儿又叫，没有人再想进去看书。而且现在的图书管理员，他们的任务是发展旅游，去借书，他们态度傲慢，缺少服务意识，也就没有人愿意再去了。

图 121　借阅签章（雷雨晨摄于 2014 年）

在拐角的月台有两个小房间，里面是图书馆的分支，后来图书馆拿来了一部分书，乡民捐了一部分，后来就这样开始发展旅游，大家都不用心，里面的书经常被打湿，也没有人具体管，大家也都不愿意在这里看了。

图 122　图书馆藏书楼（雷雨晨摄于 2014 年）

图 123　图书馆牌匾（雷雨晨摄于 2014 年）

图 124　报纸阅览区（雷雨晨摄于 2014 年）

大庄村钏氏宗祠也有一个分馆，发展旅游前三四年建的。图书馆因为远离旅游区，比较安静，所以大家就喜欢去看书。图书馆的管理员是一位老爷爷，叫钏本真，以前是腾冲县的老县长，现在义务看管这个图书馆。

图 125　图书馆内墙角的蜡梅花开（雷雨晨摄于 2014 年）

图 126　大庄村图书馆内学习场景（段颖摄于 2017 年）

图 127   大庄村图书馆管理员（段颖摄于 2017 年）

抱歉，我似乎有些尴尬

红星央宗

　　马林诺夫斯基的经典田野工作范式，将田野工作者理想状态界定为如"当地人"般地存在。这样融入"当地"的研究者就可以如隐形人般消失在他者的世界里，不至于让当地人在进行他们的日常活动时产生有碍于"外来者"的种种顾虑，进而影响行为。

　　"自我隐身"的终极要求看似有理有据，实际却是缺乏可操作性的。任何一个人，无论是"自己人"还是"外来者"，只要和其他人处于同一个场域中，就会或多或少产生互动，进而对彼此的行为表现产生影响——田野工作中总有焦虑与尴尬。

图 128　和顺小巷的牌楼（雷雨晨摄于 2014 年）

初入和顺，心情便与以往田野工作时颇不相同：有一种说亲切不亲切，说陌生又熟悉的感觉。不知是出于对中国旅游古镇建设愈发同质化的麻木感，还是作为一个参与观察者的旁观感。诚然，我们可以技术性地使用一种所谓的客观主义方法来去主体化，但事实却错过了田野中看似荒诞不经，最妙趣横生的文化洞见。这般融入感的缺失不禁让我有些焦虑，隐约担心起这种理性姿态的疏离是否会让自己成为一个文化掮客、一个边缘人？幸而，被"尴尬地解救"了！

何以尴尬？和顺田野工作的日子总是上午下雨，午后阳光明媚。每日下午阴干的运动鞋，又会在翌晨变得湿漉漉。当日是对和顺八大姓氏之一的尹氏宗祠概况做调查，接受访谈的是一位自称义务打理的宗祠管理人尹先生。

图 129　尹氏宗祠正门（红星央宗摄于 2017 年）

92

尹先生大约 50 岁，留着一撮山羊胡，一身布衣，初见竟觉得颇有些道骨仙风之感。访谈之初尹先生话并不多，或者说有些不愿搭理。在得知我们是在和顺调查的师生后，简要说明了一下祠堂的现状：尹氏宗祠现仅存一进院落，为确保祠堂维系，现已对外开放并承接红白喜事的场地出租业务。闲时，也允许当地人租赁场地打麻将，并按时计费。

本以为访谈就要在这不痛不痒的对话中结束，谁知寡言的尹先生竟在一个不经意的问题后意外打开了话匣子。"叔叔，（尹氏）宗祠对面那座山是来凤山么？尹氏宗祠选址的风水有什么说法么？""这个，我跟一般人都

图130 尹氏宗祠内（巴胜超摄于2017年）

不讲。因为我是开了天眼的，不能随便泄露天机。我跟你们一般人讲你们
都不懂，也不相信。我曾经跟一个历史学的教授讨论过道家的天文历算和
风水堪舆，他都很赞同我的观点"。

图131 和顺尹氏宗祠管理公约　　　　图132 桥景

（红星央宗摄于2017年）　　　　（巴胜超摄于2017年）

　　尹先生随后表示，自己曾在 19 岁得高人指点开了天眼，随后便有博闻强识、预言推演的能力。他认为黑龙山是一条龙脉，和顺本位于龙脉之上且面向来凤山，中又有流水曲抱，大有"登龙望凤"之势，所以自古人杰地灵。但旅游开发后，野鸭湖等人工造景阻断了原有的山水走势，挡了气运，所以再难出现过去那样的风流人物……访谈至此，尹先生早已把握了说话的主动权，滔滔不绝。

　　大家则面面相觑，不知作何应对这位"布道的大师"更妥，唯有报以尴尬而不失礼貌的微笑。

　　尹先生的故事表明田野工作的实际状况并不是民族志中所标榜的"真理"式的理想，而是充满了窘迫、意外和无奈。

图 133　秋日荷塘（雷雨晨摄于 2014 年）

田野工作中，我们常徘徊在感性和理性的边界，纠结于自我与他者的界定，不知道是个体不适和社会挫败的偶然促成了田野工作的成功，还是文化震撼和价值中立的必然造就了参与观察的结果。正如一些研究者一样，他们可能一方面是科学理论系统培养下的观察者，另一方面又是皈依神祇、信仰笃定的参与者。

到底是局内的虔诚信念，还是局外的客观分析成就了他们的理论建构，似乎也难以十分明确地将其完全归功于某一方。尹先生的话里，既有为理性科学所不齿的迷信色彩，也反映了主位话语对村落景观构建的自然要素的表述。无论是依地形地势的和顺村落布局，还是具有"藏风纳气"建筑样式的街道、月台，都体现了自然生态形貌对地方性知识的模塑。

正如《人类学家在田野》一书的主题一样，"我们自己尴尬的田野工作经验是促成本书的最初动机"——"尴尬"是一种对本土事务的共情，是一种对地方知识的体认，是一种对田野真实的反思。我们在"尴尬"中寻找到一套"有温度"的话语模式和文本策略。

图 134　清扫月台（巴胜超摄于 2017 年）

田野是变化的，田野亦是广阔而多元的。我们在田野工作中的卷入不可避免地会遭遇尴尬，进而产生焦虑。因此，与其自欺欺人般的粉饰客观存在的矛盾与窘迫，不如以一个田野工作者务实、求真的姿态，正视和承认"自我"作为一个完整的人并拥有自己的意志，以自我意识提出正式的对待和处理，来维护民族志写作的"真诚"的底线。

那么，彼时"抱歉，我似乎有些尴尬"的焦虑和震撼，便会转化为此刻"不要紧，我只是有些尴尬"的诙谐和坦然。

从"书斋"转至田野

余 欢

从文学专业跨至人类学专业，从"书斋"转至田野，和顺之行是我的首次田野调查经历。行前，我既兴奋又紧张，思绪繁多，想象这次"旅行"的特殊之处，想象首次访谈的场景等。

图135　初入和顺的调查者们（徐洪舒摄于2017年）

盛夏的和顺很美，抵达的首日，大雨过后，空气清新，绿意盎然，景色宜人，在车上的我却怀着对初次田野调查的忐忑，无心观赏。及至数日之后"大功告成"，行将离开，再次坐上出租车，不经意望向窗外，才猛然发现和顺真的很美。

图 136　与访谈对象合影（徐洪舒摄于 2017 年）

98

图 137　田埂上的凝视与被凝视（余欢摄于 2017 年）

　　顿时，失落和遗憾涌上心头，三两下摇下车窗，由着清甜的空气和着阳光涌进，不由得猛吸几口。瞬时，我领悟到了人类学独特的美，人类学学者应该也是这样不带丝毫抗拒地去感知、去欣赏、去融入吧。

　　和顺最美的风景在人。寥寥数日，接触的乡民不多，却令人印象深刻。访谈对象寸叔叔，年逾古稀，却健步如飞，思维敏捷，和蔼可亲。得知我们从外省来，次日便带我们吃了地道的美食，并领着我们熟悉村落。走在路上，见我落在最后，寸叔叔大声叫出我的名字，提醒我跟上。这令我惊讶万分，年逾七十，却能叫出我的名字，何况我只自我介绍过一次。固然，寸叔叔的记忆力很好，但作为访谈对象，他对我们每个人都很真诚，用心记住了我们的名字。这就是人类学学者和访谈对象的感情吧，相处时间不长，却因交流建立了感情的纽带。

图 138　田野访谈现场（巴胜超摄于 2017 年）

　　作为团队的我们也是和顺亮丽的风景。跟着师兄师姐们走街串巷，看着他们侃侃而谈，待到自己的锻炼机会，和访谈对象交流，虽有前晚整理的访谈问题，却是一阵手忙脚乱，心跳加速，大脑空白，只得不停地翻阅笔记本。几天下来，渐渐有了些感觉。与访谈对象的交流真是一门语言的

99

艺术，不但需要周密计划，在访谈中还得循循善诱，于谈笑风生中得到想要的信息。这样看来，人类学学者也是金庸笔下的大侠呢，不以铁为剑，不以木为刀，随便折一树枝便能运用自如，一招一式看似平淡无奇，却返璞归真，功力深厚。

图139　稻田里的农人（巴胜超摄于2017年）

这次的和顺之行，我从师父、师兄师姐、从访谈对象处都学到了许多。犹记得师父在第一天就教导我们善待身边的人，当时我还不甚理解。古人云，小隐隐于野，大隐隐于市。寥寥数日，行走在和顺这个介于"野"和"市"的地方，如同修行一般。及至"出关"，方有大彻大悟之感，明白师父所言的真正含义。

以"观察者"的视角看待他人，再善良也是粗暴的。好比所需的是一只梨，却给了一筐苹果。真正的善待既不是固守"观察者"的视角高高在上，也非迷失在他者的世界中失去自我，而是整合，在"我者"和"他者"之间建立巧妙的平衡，急他人之所急，想他人之所想，以专业的知识和技能给予帮助。这才是人类学意义上真正的善待吧。

和顺的美在于风景，在于人，更在于风景和人的和谐共存。作为团队的一员，能有幸参与保存这份美，这是我最大的幸运和福气。

图 140 农田与田埂（巴胜超摄于 2016 年）

图 141 田野访谈现场（巴胜超摄于 2017 年）

图 142　当地人的交通工具（巴胜超摄于 2017 年）

102

图 143　稻田间的入村道路（巴胜超摄于 2017 年）

图 144　村民走在和顺的乡间小路（巴胜超摄于 2017 年）

图 145　和顺远景（巴胜超摄于 2017 年）

田野之恋

谭 卉

丁酉年六月廿一日，师父组织的"乡土景观工作坊"的"席明纳"（Seminar）在云南腾冲和顺举行，参会者包括师父"乡土遗产景观"科研项目组的成员和师父的弟子们。

图 146　荷塘环抱的古镇（徐洪舒摄于 2017 年）

和顺地处西南边疆，是南方丝绸之路上的驿站之一，在漫长的历史过程中，形成其多彩的文化生态景观，汉文化与当地的少数民族文化在此融合。师父认为构建乡土中国的模型在中国历史上是一个新的尝试，而和顺

图147　和顺的河（谭卉摄于2017年）

及其他村落的影像文本将是一本关于传统村落的田野影像志，同时指出在如何保护乡土遗产景观这个问题上，生搬硬套生态博物馆模板，在中国是行不通的，和顺或可延展出一种由宗祠延伸出来的具有博物馆或展览馆性质乡土社会的本土化的形制。

图148　含苞待放（谭卉摄于2017年）

图 149　双虹桥（谭卉摄于 2017 年）

图 150　和顺小景（谭卉摄于 2017 年）

　　师父认为构建中国的乡土社会模型第一个原则是了解自然，适应形势；第二个原则处理好人与自然的关系；第三个原则是处理好人与人的关。师父带我们走入这片田野，告诉我们在田野中行走需带着问题意识，要从细微处着手，学会观察，比如要想了解人怎么适应自然，就应该要思考村落选址背后的原因，事实上，不同的族群、不同的地区的人在方位、方向、房屋的朝向等方面存在差异，这些差异反映出人要如何去适应自然，和顺的格局符合中国五行、风水之说，这里处处充满着乡民智慧。

　　而要想了解人与人的关系，首先是需要理解和顺乡民各宗族间的关系；其次才是家庭间的关系；同时也应当关注菜市场，事实上它映射出生活万象。这些帮助我们更好地在田野调查中把人类学理论知识与中国乡土社会发展的现实问题相联系。

图 151　冬日背影（巴胜超摄于 2014 年）

　　参加这次"席明纳"的专家、学者、学生各具有不同的学科背景，每个人根据这次科研的需要，结合个人的专长及兴趣，选择进入不同职责不同专题的调研组，我根据自己的兴趣选择进入宗族与宗教研究组，这一组组员除我之外还有师父科研项目的成员冯智明、谢菲，师父的弟子何庆华、刘旭临以及来自川美的王呈、张国韵、曹碧莲。旭临是我们这一组的负责人，她的博士论文做的就是和顺个案，她对这里情况非常熟悉，这为我们的调查提供了极大的方便，我们对和顺的宗族、佛教、道教、民间信仰进行了深入的调查，正如师傅所言，这些日常生活之最细微处竟蕴含如此丰富的历史文化信息，一切所见、所闻、所感、所思让我产生一种对于田野调查的全新体验，由此对师父所提出的"五生"理论以及中国的乡土社会有更深刻的认识。

图 152　师父与弟子的聆听与互动（巴胜超摄于 2017 年）

图 153　师父与弟子的聆听与互动（徐洪舒摄于 2017 年）

　　每一天的调查任务结束以后，师父要求各组在资料整理工作完成之后，由各组负责人就其所负责专题的调研情况进行汇报，并就其中重要的问题与其他各组展开跨学科专题研讨。研讨以和顺为案例，具体问题具体分析，借此进一步反思"构建乡土中国模型"现状、存在问题、解决策略。研讨呈现出一个个丰富、多元、鲜活的"他者"的视域。

图 154　张氏宗祠前的影壁（徐洪舒摄于 2017 年）

图 155　张氏宗祠正门（徐洪舒摄于 2017 年）

　　通过"我者"与"他者"的对话，通过探究、反思式的学习，我的学术视野得以拓展，对人类学的概念、性质、范畴、方法有更深入的理解，对当前"构建乡土中国模型"国内外前沿研究有更准确的把握，对"构建乡土中国模型"有更明晰的认知。这次"席明纳"，亦是一次思想的争鸣，师父这种"因材施教""知行合一""寓教于乐"的教学方式，于我个人学术创新能力的培养大有裨益。

图 156　师父与村民交流（徐洪舒摄于 2017 年）

图 157　和顺古镇元龙阁（陈海宁摄于 2017 年冬）

110

　　和顺是人与自然的最美和声，短短数日的田野调查，恋上了一池荷、一个村、一行人……离别时，这一切俨然成为我生命中最美丽的风景。

初　遇

赖景执

2017 年，我的人生迎来了一次新的转折；努力、运气与身边人的关爱，又承蒙师父不弃，使我极其幸运地成为学界泰斗彭兆荣的弟子。彭门弟子的入门修行始于这一次和顺村落景观的田野调查，其意味不一般。

图 158　冬日暖阳（雷雨晨摄于 2014 年）

　　7月，我们不顾一切，从四面八方汇集和顺。和顺不如意的天气，拒绝了飞机航班的降落，我们只好在春城昆明稍作休憩。也有想方设法换乘多趟交通工具，务必当日到达和顺的信念。这一执着的田野信念必然成就一段佳话。似乎，"和顺"之名未能给我们这一群田野调查的不速之客带来好兆头。

　　但无伤大雅，在昆明的一夜着实温暖了我先前忐忑的内心。如果说昆明是彭门弟子的大本营之一，这一点都不显得过分。师父作为总调度，无论是正门弟子抑或自认"师父"的追随弟子，都不遗余力地消解像我如此"新人"的"他者"心态。

　　和顺之行之前的小波折，给予了我意外的惊喜。还记得师父很关爱地问我们这些"新生"，"感受到彭门的氛围了吗？"师父，我们暖在心里。虽行程不顺，但一点也阻挡不了我们的和和美美。于是，我依然期待次日的到来。

图 159　龙潭晨雾（雷雨晨摄于 2014 年）

　　初遇和顺，边境文化之津，江南小镇情调。这是初遇和顺之印象。野鸭湖，因野鸭集聚而故名。虽是"人工湖"却也营造出了边陲小镇的文化气息。在最先接触的几幅小镇意象中，我独爱"野鸭湖"。不在于它的

"色香俱全"，而在于其似乎支撑了和顺一半的人文气息。

图 160　河树倒影（雷雨晨摄于 2014 年）

图 161　师父与弟子在洗衣亭（巴胜超摄于 2017 年）

　　道观元龙阁与湖山水相望，和顺均衡开合的扇形生态空间与湖相生。"野鸭湖"的际遇，使边城小镇的细致深入我心。这里的人们，一定很勤敢、质朴且知书达理。我甚至担心我们的到来会惊醒这一撮宁静。

图 162　冬日暖阳（雷雨晨摄于 2014 年）

图 163　夕阳与行人（巴胜超摄于 2016 年）

图 164　雨后倒影（巴胜超摄于 2017 年）

图 165　冬日暖阳（雷雨晨摄于 2014 年）

和顺博物馆之多，是和顺的奇景之一。耀庭博物馆是我们分组探察的重点。以家庭为基本单位的博物馆讲述着各个年代的故事。邮票、第二次世界大战遗物、缅甸旧照片、老物件。主人家的爱好、纷争年代、中缅边境中的和顺，是我们得以整理思绪的关键词。这里的主人家姓名"李仙兰"，博物馆二楼商号"耀庭号"玉器店自称"孙女"的年轻售货员称呼其为"奶奶"，于是我们也尊称其为"李奶奶"。

旅游场域中的博弈总是会给我们带来意想不到的关系建构。多次的探访，让我们与李奶奶建立起了临时的信任关系。原来，李奶奶是耀庭博物馆的真主人。而"孙女"却是披着商业外皮的普通售货员。在生存与资本的双重冲击下，博物馆与旅游公司签署了出租场地的复杂协议。有时候，生计使人身不由己，但我佩服李奶奶这一份不肯迫离住所的坚守。

图 166　钏家祠堂（徐洪舒摄于 2017 年）

116

图 167　灯芯路（徐洪舒摄于 2017 年）

　　在田野调查行将结束时，我接到调研组的临时任务。于是，我有了独自行动之机。

　　"弯楼子"因楼房沿巷道的曲线修砌，所以被形象地称为"弯楼子"。"弯楼子"不仅是一座民居，也是经营著名商号"永茂和"的李氏家族的代称。

　　老太太是"弯楼子"的现任主人，子孙都在外地，由她一人独守祖

图 168　中天寺正门（徐洪舒摄于 2017 年）

图 169　中天寺石刻（徐洪舒摄于 2017 年）

117

屋。她的生活起居与这一旅游景点融为一体。她不忍离去的不仅仅是惯习式的生活空间。还有挥之不去的承载于其间物件的浓厚历史记忆。

　　国家意志与旅游资本一道为和顺带来了一次次乡土嬗变。每一次嬗变都能唤起当地人铭记于心的历史记忆与乡土景观生命史。乡土景观中的事、物、人无不在续写着他们自己的故事。李仙兰、"弯楼子"老太太式的坚守，既诉说着乡土的根性也承载了乡土性与商业性博弈的痕迹。

我坚信，乡土仍然会有嬗变不去的历史记忆。

图 170　艾思奇故居（徐洪舒摄于 2017 年）

识人·论道·结心

秦炜棋

回想起在云南和顺调研的快乐时光,此次田野调查全程,可分为三部分:开端识人,和顺论道,离归结心。

图 171　田野调查团队在和顺图书馆前（徐洪舒摄于 2017 年）

从广西百色去往云南和顺,需要转换动车、飞机、汽车三种交通工具,路途中先后结识了几位参研的专家学者,无意倾听了人类学学者间的畅聊,内容均是围绕学术目标而谈,估知了他们整体精力的分配比重,我们心生敬佩,对人类学也产生好奇。

　　安抵和顺后，我们见到了人类学家彭兆荣先生及各大高校的学者，大家的举止言谈构成了"界"，自知学力薄弱"入界"较为困难，只能怀着忐忑的心情参加分组田野调查。田野调查过程中，亲和友善的杜韵红老师带领我们走街串巷开展访谈，睿智儒雅的彭兆荣先生不顾白天调研的疲惫，晚上仍不遗余力地指导帮助，加之田野工作有交叉，与各组成员接触后逐渐熟络，亲身感受到了学者们的另一面，可爱活泼、童心未泯，自然而然地建构了田野之外的各种交流圈，让我不再担心"界"的隔阂，与大家相处融洽愉快。

图 172　和顺人（巴胜超摄于 2017 年）　　图 173　和顺人（巴胜超摄于 2017 年）

　　和顺期间，坚持白天田野调查、晚上小组总结及定期集体学习交流，特别彭兆荣先生与诸位的交流，对发言人的点评，对不足与困惑的解答，均是开拓思维及视角之良方，通过"学习、实践、反思、创新"四部曲，与我分在一组的百色学院同事，在做田野调查时现学、现用、现收，将人类学实用的调查手段与自身学科研究方法融合，按照相关目标，独立进行田野调查，取得了意想不到的效果。

图 174　和顺人（巴胜超摄于 2017 年）

图 175　和顺人（雷雨晨摄于 2014 年）

　　如越南语专业的覃柳姿、覃肖华，运用口述史研究方法，采用引导交谈，让和顺的越南归侨口述和顺社会、经济、文化的变迁；杨帆运用设计学研究方法，阐述和顺的景观设计、整体规划，并提出介入保护策略；我采用历史研究法，将家屋的文献资料、实物资料及访谈资料整理归纳，提炼出家屋景观的核心要素。各学科、各类研究方法的交融互补，增强了乡土景观课题的厚度与广度，也提升了自身的学术能力，受益匪浅。

　　短短的一周的田野调查工作结束，大家各奔东西，回归日常，组建的QQ群成为大家探讨交流的平台，只要QQ群图标一闪烁，群里出现发言信息，脑海里会立马出现临别前拍的那张的集体照，或许是因为"心"早已联结在了一起。

　　我下榻的大树客栈门前有一段宣传语："我愿做一棵树，站在你必经的路旁，一半扎根于土，一半沐浴阳光，我要在你走过的时候，为你留下一处躲避灼热的阴凉。"我这个新手在田野调查的路上，正是得到彭兆荣先生这棵大树及各位同仁无微不至的关怀和悉心的指导，才收获了满满的知识、友情和快乐，终生难忘，受用一生。

从遇见开始

言红兰

半年之前的和顺田野调查感觉已经随着时间的流逝被日常的工作和琐碎渐渐模糊。翻看了朋友圈的图片和寥寥数语记录,慢慢回到了和顺的田野,忽然之间心生莫名地感动。

图 176　和顺民居"四合五天井"一隅(巴胜超摄于 2017 年)

　　对于一名外语专业的人而言，田野调查这事感觉离我很遥远。因乡土景观重建之调研，生平第一次有机会参与田野调查。历尽航班取消，取道芒市转腾冲，终于到达和顺古镇。

图 177　和顺乡村图书馆一角（雷雨晨摄于 2014 年）

图 178　和顺老宅的门窗木雕（雷雨晨摄于 2014 年）

　　"乡土景观工作坊"由厦门大学教授彭兆荣教授召集，团队成员来自多所高校和不同学科，包括艺术学、人类学、考古学、博物馆学、区域经济学等。而我，如懵懂无知的"小学生"，并不知道自己接下来具体该干些什么。那么好吧，就跟着小组"眼观六路，耳听八方"，用心去体会吧。

图 179　古镇盛夏里香气扑鼻的玉兰花（雷雨晨摄于 2014 年）

图 180　和顺古镇众多小巷口之一（巴胜超摄于 2014 年）

接下来的时间，集中研讨、分组调研、记录、讨论……民居宗祠、集市巷子、茶马古道、河边田间……或风雨或旭日，步伐丈量、访谈之间，和顺的故事渐渐丰富而生动……听到最多的是和顺先辈"走夷方"的艰辛和不忘家园的回馈。和顺海外华侨一份份的捐赠、一件件的公益，让我深深地感受到"枝开四方，根在和顺"的一代代和顺人对乡土的热爱和对宗族文化和精神的坚守与传承。

图 181　民居外挂满祈福红包的树枝（雷雨晨摄于 2014 年）

图 182　和顺小巷（巴胜超摄于 2014 年）

　　静默的闾门后绵延的青石板巷道、晨曦微露中安静伫立的洗衣亭、晚霞余晖之下的稻田荷塘，整个和顺古镇如此古朴、安静、祥和，没有喧嚣。然而，空气中似乎弥漫着一股骚动和浮躁：调查途中一路所见，民居拆建、客栈渐盛，外地居民日益增多……传统的留存与商业的利益之间，在和顺的日常中悄无声息地发生着碰撞。在和顺古镇的一家私人博物馆——耀庭博物馆里，馆主遗孀为了尽力维护和传承逝去丈夫的心血，不得不与某旅游公司合作，让玉器售卖进入博物馆。看得出她的无奈和不甘，却又因利益的纠缠而烦恼。

图183　和顺小巷八大姓氏标旗（巴胜超摄于2014年）

　　不由得暗想：几年以后再次到访，这个记录着战火纷飞的抗战时期和顺华侨故事的耀庭博物馆会还继续留存吗？和顺古镇会不会成为第二个丽江或者凤凰？记忆当中和顺的路、桥、闾门和宗祠是否依然如昔？

　　在我看来，和顺古镇的路，连接的是过去和现在，通向的是未来；桥，沟通的是传统和现代、现实与理想；闾门和宗祠，凝聚的是和顺的宗族信仰、情感与精神，是和顺传承的纽带。乡土即家园，期待和顺无论日月如何变迁，总是一片净土，一方精神家园！和顺田野，收获，从遇见开始。

图 184　和顺的小桥流水（徐洪舒摄于 2017 年）

民宿和酒吧

纪文静

　　和顺是一座历史悠久的古镇，始建于明朝，当地汉族大多是明初到云南从事军屯和民屯的四川人、江南人、中原人的后代。这些人深受儒家思想的影响，有的文化素质较高，虽为生活所迫，背井离乡，位于高原极边，但和顺的村落风貌、民居建筑、民间工艺，无不浸润和保存了中原文化精髓。同时，和顺是西南最大的侨乡，它是一个"外向型"的社会，游子们吸收了外国文化的精髓，与传统本地文化交流整合，创造出了有着和顺特色的地域文化。

图 185　挂满游客祈福红布条的树（雷雨晨摄于 2014 年）

图 186　冬日小景（雷雨晨摄于 2014 年）

　　和顺古镇面积 17.4 平方公里。十几平方公里的土地上集中了 300 余家民宿（指人们利用自己空闲的房子用于招待客人住宿的场所，按照分布地理位置可分为城市民宿和乡村民宿，和顺民宿就是典型的乡村民宿。）床位约 5000 个。和顺民宿经营主体分为三类：村民、外来个体户、公司集团，三类民宿的经营呈现出如下特征：

　　从民宿的价格看，村民提供的民宿价格一般定为每晚 150 元，外来个体户和公司集团经营的民宿价格从 300 元至 2000 元不等。

图 187　店铺门面（雷雨晨摄于 2014 年）

　　从民宿的设计与设施看，村民民宿设施相对简单，提供基本的住宿条件。外来个体户民宿设施分为高中低三个档次：低档民宿的设计与设施和快捷酒店相似，公共休闲空间较小；中、高档民宿在设计与设施上讲究少量个性化，具有一处至两处公共休闲空间。公司集团经营的民宿有两种类型，一种选择较好的自然环境做轻奢度假小型酒店，设计和设施要求具有强烈的文化性，注重氛围营造；一种做连锁民宿，设计和设施要求具有标准化的特点，公共休闲空间占比较高。

图 188　和顺小巷之总兵府（和顺古镇景区管委会 2014 年供图）

图 189　和顺小巷之总兵府客栈（和顺古镇景区管委会 2014 年供图）

131

从民宿服务内容看，村民民宿提供基本预订、住宿、保洁、早餐服务；外来个体户经营的中、低档民宿提供预订、住宿、保洁、早餐、少量娱乐服务，高档民宿在此基础上会提供中餐、晚餐、酒吧、门票、出行等更为多样的娱乐和便游服务。公司集团民宿提供的服务与村民、外来个体户经营的民宿相比，提供的服务更为多样化、个性化、标准化和专业化。

从文化植入看，和顺宗族文化、边镇文化、侨乡文化、玉石文化等具有代表性的文化在民宿设计和经营中运用较少，除了在建筑风格上保留了当地的文化，没有一家民宿在装饰、产品开发、服务体验、管理经营中系统完整地展现上述文化，更多根据设计者喜好选择文化、创意文化。值得思考的是，很多古宅出于经营的需要，早已被新建的仿古建筑所替代，曾经的人、过往的故事已和现实的场景难以对应，回忆和文化只能存在于某些人脑海的回忆里，他人永远也找不回，体会不到，让人惋惜。

图 190　和顺小巷的酒吧（雷雨晨摄于 2014 年）

前几年，由于设计需要，我经常光顾上海的酒吧。上海的夜生活和酒吧是分不开的。美观、典雅、别致，具有浓郁欧美风格的上海酒吧，反映城市国际化中特有的酒吧文化；挂满十里洋场老照片的席家花园展现了半个世纪以前的海上风情；优雅、高贵的希尔顿大酒店、金茂大厦、环球金融中心等五星级饭店的酒吧，更是以奢华吸引众多社会精英。上海酒吧无疑成为高消费主义的空间，消费性的选择在这一空间中扮演了某种极为中心的角色。这种消费行为已经不是单纯的、满足需求的"被动"程序，而是一种"主动"的关系模式，它不仅仅是人与物的关系，也是人与集体、人与世界之间的关系，是一种系统性的活动，正是在这一消费层面上，文化体系的整体才得以建立。然而，酒吧消费需要一定的经济、文化和社会环境。

图 191　酒吧装饰（巴胜超摄于 2014 年）

133

近年来，古村落开酒吧仿佛成了古村旅游开发的标配和流行时尚。和顺古镇的核心区就有三四家风格近似、分布集中的酒吧。

图 192　当地人开发的特色果酒（巴胜超摄于 2014 年）

　　夜幕降临，一排古朴的老房子，被绚烂的灯光点缀得异常妖娆，从酒吧里传出的动感音乐大煞风景，酒吧视觉、听觉的设计，仿佛一个纯真的小孩儿，化了成人的浓妆，尴尬搞笑！古镇的核心区本是古镇代表性景观所在，难道"泡吧"成了现代和顺人的典型的生活方式了吗？

图 193　围坐篝火品酒（纪文静摄于 2017 年）

很显然，这些酒吧是为旅游者提供的，中国现行的休假制度决定了大部分景点假日经济现象的产生，其他时间生意十分冷清，和顺的酒吧为了能弥补非假日的亏损，不得不在周末人多时提高产品和服务的价格，60元一瓶的啤酒，30元一盘的花生，在当地的经济和社会条件下令人望而却步。因此，酒吧在和顺成了闲置资源。

图 194　马帮歌会之《天下和顺》（和顺古镇景区管委会 2014 年供图）

　　旅游景区有一个突出的特征"共生性"，即经营者与政府的共生、经营者与原住民的共生、经营者与旅游者的共生、原住民与旅游者的共生……原住民是文化的一部分，是旅游目的地的一部分，是开发者的共识，然而在古镇旅游开发中，开发者往往只考虑旅游者的需要，忽视当地居民和经营者的需要，例如，停车场的设计盲目借鉴景区标准，在村口集中设置停车场，忽视原住民生活区就近停车的需要。原住民、经营者、旅游者三者是一组共生关系，设施、业态规划时，应充分满足三者的需要，才能客、主互用，淡季不淡。

　　在国外，酒吧不只是酒吧，还兼具了其他功能，满足了多种需求。例如，在英国默西塞德郡，有一家古怪的酒吧，酒吧就像变魔术一样，如果顾客蓬头垢面胡子拉碴地走入酒吧里喝酒，再出来时，就会变成一位面目一新的绅士，从容自信地离去。原来，这是一家"理发店酒吧"，酒吧的装修与布局没有改变，只是将最里面的格子间装修成理发室，而所有前来消费的顾客，都可以到格子间里，享受免费理发及刮胡子服务。这一新颖创意，一个功能的增加，让酒吧生意异常火爆。

图 195　围坐篝火晚会（纪文静摄于 2017 年）

和顺田野记忆

杜韵红

2017 年 7 月的一个清晨，目的地腾冲。

就担心旅程受阻，果然在候机一小时后被告知由于目的地气候原因，飞机无法降落，本航班延迟了。一小时后，乘客被安排登机，顺利起飞，大约四十分钟后广播通知，我们已经到达腾冲上空，因当地机场气候原因，飞机无法降落，在盘旋几十分钟后，飞机折返昆明，我们又回到了原点。接下来在机场等候通知、改签机票，我们被确认当天无法前往，此时已经下午 5 点多了。

腾冲属热带季风气候，集大陆气候和海洋性气候为一体，冬春气候暖和，夏秋晴雨相兼，雨水充沛，干湿季节分明，腾冲机场位于腾冲县城以南 12 公里的清水乡驼峰村，受孟加拉湾暖湿气流影响明显，造成了雨季腾冲机场常常出现航班延误。

此次前往腾冲，是为了参加厦门大学彭兆荣教授组织的乡土景观的"席明纳"（Seminar），对于彭教授的暑期田野调查早有耳闻，甚为向往，将有机会参加一次纯粹的人类学田野调查，可以参与式观察，近距离感知学术团队田野作业，有种学术召唤的神圣感，很兴奋。因此不愿错过每一个细节，所幸，当天除了一个航班降落，其他航班全部停飞，除新华社洪舒兄到达外，其他成员均没到达，包括核心人物彭教授也被延误了，倒是没有错过什么。

因为飞机延误，人在旅途，一路行程结识了南京来的文静教授，机场

　　匆匆相遇，无聊漫长的等候时间使我们反而有机会进一步深入交谈，文静长期从事旅游管理教学，同时擅长旅游策划，彭教授的学术团队涉及面广，看来可以在此行中收获多多，我俩的田野调查似乎可以从机场开始。

　　一路折腾，我们延迟一天到达，旅途的疲劳没有影响任何心情，大家似乎要把浪费的时间赶回来，连夜开始了学术讨论，文案准备，调查任务分解，接下来的每一天，大家完全沉浸在对于和顺的追问中。

　　彭老师计划本次调查要到乡土的原景中，去调查、寻找、分类、造册，编列一个"中国乡土遗产的保留细目"。团队研究领域覆盖：宗教、宗族、水系、道路、跨境、法律、环境艺术、村落保护、旅游规划、博物馆、遗产保护、古迹修复、绘画艺术、传媒研究、编辑摄影、民间文学等方面，具有人类学、民族学、宗教学、艺术学、博物馆学、旅游规划等学科背景，对于乡村景观保护研究具备相应的学术视野与实践经验，因此我们从环境、五行、政治、宗族、时序、审美这六个方面分组展开田野调查。

图 196　彭兆荣教授给团队成员做现场指导（杜韵红摄于 2017 年）

　　有趣的是，对于地方掌故颇为熟悉的人往往集中在几个乡村精英人物上，只有他们能熟稔地掌握本地历史、信仰民俗、生计生业方式、地方知识典故等，为了在有限的时间访谈到足够的内容，六个小组还得争抢协调报告人，轮番访谈，大家都在打时间战，报告人很辛苦，但他们似乎也乐此不疲。每晚小结时，发现各小组问题重复设置，而小组之间共享资料需要时间，及时整理资料互换信息并不现实，这倒为今后团队作业提出了更高要求，访谈提纲需要更为科学严谨。

那几日整个团队从黎明到夜晚，几十号成员的身影穿梭在古镇大街小巷，总是围着镇里几位文化精英问个不停，他们或走村串寨，或下到田间地头，出出进进，或拿着录音笔，或端着相机拍照，或飞速地记录，或拿画板绘制村落图画。回忆那时的状态，每一天每一个人神态专注、倾心倾力，仿佛回到了学生时代，成员中大都是来自不同领域、学科的学者，博士、硕士研究生以及一批志愿者，每个人一副干海绵般的样子，一定要吸够了水分，才能满意而归。与之形成鲜明对比的是和顺人始终保持着一份极边之地的悠然、安详、和谐的生活模样，不急不躁，不悲不喜，在自己的生活节奏里，到河边浣洗驻足，老人到月台晒太阳吹阔子，男人女人各自忙碌，各自安好又很和气，真真"和顺"的样子。

图 197　寸氏族长寸清华讲解家族祠堂文化（张进福摄于 2017 年）

因为个人研究方向的原因，我参加了审美与遗产保护调查，本组调查针对家庭生活用具、生产工具、宗教祭祀用品、非遗项目的登记记录。我们围绕家屋家庭展开考察，试图透过最接近当地人的生存方式，具有当地生活特质的家屋家堂的真实呈现，了解当地生活状态，透过物质信息的收集反观物质的社会生命，透过个人生命史建构地方历史，继而反映当地民众的文化价值判断，透射宗教观念，呈现地方知识。村落景观除了村落整体布局、房屋建筑、寺庙宗祠，山水景致及一切有形的物质形态外，更应该包括当地人群的真实状态，村落里有生活着的人们，村落才是活着的。

因此我们选取几个家庭作为我们重点记录、考察以及访谈的对象，我们将沿着他们的生命轨迹，还原和顺村民的日常生活，以及家族地域的生命史、发展史，以此建构他们的活态景观文化，为此我们从访谈人不同的身份、职业、家族、文化背景中选取了调查对象，印象深刻的是：

和顺水碓村村民小组组长庞某某，51 岁，庞师傅对于村中情况较为熟悉，本人农商兼顾，土地基本承包出去了，自己开了餐厅，以经营地方特色菜肴为主，生意做得不错。村里的小组成员类似情况占到了七成，只是每一家庭经营内容不同，有的开客栈，有的卖商品百货，当地人基本不种地，剩下 10% 左右的人在外务工。庞师傅家迁到此地时间不长，只有 120 多年，祖上做过武将、农民，跑过马帮。随着时代变迁，和顺以农耕为主的生活方式也在不断变化，对大多数人来说围绕旅游的商业活动日渐成为主要生计。

具有华侨身份，在新中国成立初期回到和顺长大的村民刘叔叔，深受归国华侨身份的困扰，经历过历次运动和种种不幸与苦难，自强不息的他在改革开放后，率先发展起来，在村里还没开始发展旅游之时就已开始经营客栈，曾经风生水起，其间做了村里刘氏宗祠理事会理事长，主理祠堂管理的事务，到海外募捐，把已破败弃用的祠堂修缮完好，随着年纪增长，做旅游投入资本越来越大，这才慢慢停歇下来。刘叔叔因为家庭影响，年轻时没能圆上学的梦想，可他从未放弃读书的爱好，过去不仅常常去镇上和顺图书馆看书看报，自己还会时不时看看村里古籍碑帖，研究揣摩和顺历史，到现在他家里还有许多字画书籍，闲时练练书法，看看书。和顺这地方像刘叔叔这样的人还不少，亦农亦商亦儒毕竟是这里的传统。

马叔叔，77 岁，回族，曾经是十里八乡的著名摄影师，还被当地部队

图198 调查小组在刘氏宗族后人刘承华家访谈（张进福摄于2017年）

图199 刘承华介绍家族老照片（张进福摄于2017年）

请去摄影。他的父亲是当地藤编手艺的著名艺人，其父年轻时曾到缅甸学习藤编手艺，回乡后自己不断研习，揣摩，看画报（最受启发的是《良友画报》），绘图，从编小包、小盒子开始，慢慢发展成家庭手工作坊，藤编成了养活了一家人的生计。新中国成立后，公私合营，马师傅进厂做了技师，传带了好多徒弟。现在会做藤编的人已是他带出徒弟的徒弟了。马师傅因为娴熟的手艺，于1957年专门赴北京参加全国工艺美术艺人代表大会，1959年又一次出席了新中国成立十周年观礼。和顺藤编产品曾经远销昆明及周边地区，20世纪80年代一度热销至日本、美国，藤编成为和顺的地方支柱产业。藤编厂几度改名，办厂地点也多次变换，20世纪90年代，厂子关闭。非遗手艺曾经养活了一家人，也给家庭带来荣耀，但是太辛苦，大儿子因此放弃了这门手艺，改行成了当地远近闻名的摄影师，收入多了，家庭致富了，而且实现了远赴麦加朝拜、在镇里建盖清真寺等人生理想。父亲一辈手艺只能养活家人，现在儿子算是完成了父亲的夙愿。看来，这就是非遗保护中矛盾的问题，尴尬所在，非遗存续必须先让手艺人过上好日子，非遗才有存活的土壤。

图200　和顺街头售卖的现代藤编（张进福摄于2017年）

李兰仙，杨润生遗孀，78岁，和顺李氏家族后人，现为耀庭博物馆馆长。耀庭博物馆是和顺村民杨润生个人创办的私人博物馆，杨润生1934年生于缅甸，结业于师范，曾是村里的赤脚医生，爱好集邮、收集老物件。本人已于2014年病故，现在，由其妻子（现年78岁，华侨，和顺李姓家族后代，生于缅甸，20世纪东南亚排华时期回到腾冲）接代杨老先生完成凤愿，接任了馆长一职，继续向观众讲解和顺杨家历史、馆里的一草一木，却也物是人非，兰仙阿姨几度哽咽。博物馆里展示有民国至抗战历史、家庭史图片；有美军飞虎队用品、图片，也有集邮专板展示，最为特别的是，杨老先生收集一套完整的56个民族邮票，邮票不仅已经使用过，更为重要的是邮票在56个民族世居地被加盖了邮戳，时间一律在1999年10月1日这天；其他展品还有家庭用品：床、茶几、椅子、凳子、梳妆台、茶盒、茶具、食盒、漆器、瓷器、等子秤；马帮用品：马灯、马镫、马鞍等；票证：包括华侨证件、华侨物资供应票、进口物资海关纳税证、民国股票、公债券；还有来自于缅甸的孔雀琴、竹排琴等，种类繁多，展示了边城之地人们的真实生活，再现了那个时代和顺人的物质生活水平，以及他们追求的精神生活品质。

图 201　耀庭博物馆馆长李兰仙讲解展览（张进福摄于 2017 年）

村落博物馆是村落文化的载体，博物馆是地方文化的物质呈现，历史变迁的见证，是唤起个人、集体记忆的工具，透过博物馆能感知村落生活，了解观察当地人信仰、习俗、宗教、文化、生业、生活等综合信息，因此通过博物馆，可以去看见历史、研究历史、面对历史、选择未来。村落博物馆是目前本土化文化保护方案中较为推崇的方式，它的存在既为东道主提供了文化保护的一种策略，又能为游客提供一种快速进入当地文化的路径，东道主与游客对此诉求是一致的。

图 202　弯楼子博物馆内景（杜韵红摄于 2017 年）

图 203　耀庭博物馆销售商品区（张进福摄于 2017 年）

和顺作为地方文化积淀厚重、文化类型多样化的地方，民间自办博物馆就有了基础条件，事实上，其民间博物馆、私立博物馆涌现出较为繁荣的景象，若以遗址类、纪念馆类等宽泛的概念来界定博物馆的话，在和顺就有十余家之多，它们是：弯楼子博物馆、耀庭博物馆、滇缅抗战博物馆、马帮博物馆、商帮博物馆、走夷方博物馆、艾思奇纪念馆、和顺图书馆，以及刘氏宗祠作为和顺宗祠文化馆等涵盖博物馆功能意义的各类型展示馆等，这些博物馆虽然规模小，但是专题性强，能从不同面向反映本土历史文化。按照发达国家平均每 5 万人拥有一座博物馆的标准来看，已经远远超越发达国家，也超越了当年全国平均 29 万人拥有一座博物馆的水平，和顺仅有 6000 多常住人口，拥有博物馆的比率在全国都是首屈一指的，尤其是这些博物馆基本是私立民营性质的，办馆条件与公立博物馆难以相提并论，但是在收集展品、传播展示本土文化效果上毫不逊色。

图 204　耀庭博物馆餐饮厨房区（张进福摄于 2017 年）

图 205 艾思奇故居纪念馆书店售卖的图书（杜韵红摄于 2017 年）

图 206 弯楼子博物馆家居生活展陈（杜韵红摄于 2017 年）

146

图 207 弯楼子博物馆外景（杜韵红摄于 2017 年）

图 208　耀庭博物馆家居生活展陈（张进福摄于 2017 年）

图 209　耀庭博物馆美国飞虎队队员遗物展陈（杜韵红摄于 2017 年）

　　从和顺的田野归来，发现和顺已经不是原来作为旅游者看到的和顺了，它作为人类学调查点，作为乡土景观的研究实验基地，值得深究。和顺在时间轴上经历了第一次世界大战和第二次世界大战，地处国境线上，虽为极边之地，却并未远离世界中心，因缅甸是英国的殖民地，作为战争生活物资的储备，英国人到缅甸购买棉纱、土特产品运回国内，围绕该贸易一批人因此致富；第二次世界大战时期，作为中国对外的战略大通道，经由缅甸出境，物资贸易空前繁荣，国内外物资在此汇聚。从清末到民初，和顺经历几次经济飞跃，财富积淀，文化教育空前兴盛，文化交流也较为活跃。作为殖民地的缅甸，其生活方式又不免影响到他们，第二次世界大战时期该地有"小香港"的美誉，本身的移民文化与诸多外来因素形成了他们文化多样性的特点。每一个人的生命史就是地域发展史，也是国家命运的兴衰史。存在于这个时空中的天、地、人在和顺的乡土上，一代一代生生不息，造就了这一方水土，养育了这里世代相袭的人们，他们和谐和顺地生长，没有辜负这一方水土。

图 210　耀庭博物馆家族史展陈一角（杜韵红摄于 2017 年）

图 211　和顺耀庭博物馆内景（杜韵红摄于 2017 年）

2005 年，在中央电视台评选的中国魅力名镇中，和顺获得了"魅力小镇"的称号，并荣登榜首。评委这样评价和顺："和顺有很多不足，第一点是历史太短，和顺小镇只有 600 年历史，比美国的历史才长 400 年；第二是开放太早，和顺 400 多年前就开放了，当时乡里人就走出国门；第三是和顺的人不务正业，因为这个地方是以农业为主的，大家应该是种田，但经常是放牛的老人清晨上了山，把牛放在山上吃草，自己却到图书馆看书。"

是的，和顺就是这么个地方，记忆里美好的地方。

二　龙潭石寨

务川滑山记

曹碧莲

"滑山记"的起因是去看望80多岁的风水先生李爷爷。从张老师那里听闻李爷爷很久了,张老师跟我们讲了之前拜访李爷爷时,李爷爷激动地对他们说"只有你们愿意跟我说话,别人都嫌我是臭的"。心里很不是滋味,岁月似乎对一些老人并不是很友好。

昨晚下了一夜雨,这场雨并没有掩盖住夏日的炎热气息。午饭后,我跟张老师带着礼物专门去看望老人家。李爷爷家并没有在村子的核心区,而是在山脚下。当我们到达李爷爷家时,被儿媳告知老人家已经不住在这里,搬去山上了。通往山上的石板路布满了青苔,时而有一段是土路,雨后使原本就不方便的山间小道变得更难走了。我们把手上的东西都塞进包里,腾空手,猫着腰,扶着地慢慢向山上爬。

刚开始的时候,脚下只是偶尔地打滑,并不碍事,可以继续前行,只是速度很慢。十几分钟后,我们只走了将近一半的路程。越往山上走,青苔越多,脚底已经不是打滑的问题了,原地不动整个人都开始向下滑,不得不两只手撑在地上固定住身体。这种情况很危险,无论怎样我们也很难走到目的地,只能放弃原路返回。

我们蹲着身体放低重心,光滑的路面像滑梯般把我们往下拖,两只手当作减速器,嘴里不停地喊"慢点、慢点、一定要慢点"。我们师徒俩历经千辛万苦,终于到达安全地带。由于晌午温度高,我们的头发,衣服全都被汗水浸湿。

图 212　山路（张颖摄于 2018 年）　　　图 213　山路（曹碧莲摄于 2018 年）

　　这时田野调查的又一次不同寻常的滑山体验，田野处处有"惊险刺激"。我们上山都是如此狼狈，艰险，对于 80 多岁的老人家来说，不敢想象他的生活是什么样子，如遇大雨寸步难行。我们把东西放在他的儿子家，托儿媳带给老人。

　　事后我们在村子里才了解到老人为什么会住在山上的情况。老人有三个儿子，去年老人在城里花了大半辈子积蓄给小儿子买了套房，老大和老二知道后，就不乐意了，老人没有办法，只能将自己以前住的好房子给了其他儿子，自己则搬到山上的木房子里住。

　　自从住在山上，老人就很少下山。儿子不孝，李爷爷年迈被赶到了山里，儿孙们也很少去看他。到了 80 多岁的年纪，老人们都是数着天数过日子，一个人住在山中出了事也没人知道。如若雨天，也就只能在屋子里待着，哪也去不了。

　　我们没能亲眼看到李爷爷现在的生活条件，我们不知道要是到了冬天老人家的屋子承不承受得了冬日的严寒，我们更不知道下次再到务川，老爷子是否健在。一场由房子引起的不孝，而背后更深的原因是农村社会对于"公平"的认知。

忆龙潭田野

杨春艳

　　转眼间，离开务川龙潭田野已经一年多时间了。勾画曾经在务川龙潭的田野调查经历，印象最深刻的莫过于对那些田野中引路人的记忆。人类学的田野调查方法在今天已经被其他学科广泛借用，可是融入当地人却是"借用"不一定会得其法门的关口，而能在初入田野时遇到合适的田野引路人对进入他者文化无疑是莫大的鼓励，增添调查人对搜集口述访谈资料的信心。田野调查中的艰辛与欣喜相伴，或许正是学科方法论的永恒魅力。

图 214　洪渡河边的龙潭古寨（杨春艳摄于 2017 年）

　　龙潭的田野调查，第一次的概貌了解是通过当地文化工作者的解读而获得的，两位邹老师对龙潭古寨的文化研究持久且深入，他们的话语表述方式一定程度上代表了龙潭古寨的文化呈现。邹愿松老师着重于龙潭古寨的木质建筑研究，走在龙潭古寨的巷道阡陌间，和着邹老师的生动讲解，昔日龙潭古寨的繁盛景象依稀就在眼前。

图 215　李顺昌老人带我们踏勘龙潭的地理形势（杨春艳摄于 2017 年）

　　走进丹堡人家，四合院式的建筑形制、用于防御的瞭望口和枪眼、雕刻精美的窗花和讲究的门花……龙潭古寨的历史与现实，古今与当下，正是龙潭古寨文化持久生命力的载体。

　　邹进扬老师谦和为善，总是面带微笑且不厌其烦地解答我们初入龙潭的"傻"问题，带着我们踏访县城及周边的古迹，其对古迹渊源的叙说严谨朴实。务川县城申佑祠、洪渡河畔两汉古墓、红字岩摩崖、桃符石牌坊……的确，任何华丽的辞藻在沧桑岁月留给我们的历史遗迹面前都会显得稚嫩。

图 216　与李顺昌老人的访谈

（杨春艳摄于 2017 年）

图 217　走在田野间

（张颖摄于 2017 年）

157

　　再访龙潭时，倾向于"当地人"的视角叙说，意在于从当地人的话语表达中观视龙潭人对家园的认识。田野调查中的偶然一天，寨上年长且懂龙潭文脉的李顺昌老人作为我们的访谈人，老人家对"四书""五经"的承习出口成章，对龙潭风物古景的脉络娓娓道来。

　　花白的胡须与头发，健硕的步伐，李顺昌老人带着我们探访申佑古墓地址，站在古寨高处给我们指点龙潭的风水意象。"韭菜一包、龙潮三道、石笋冲天、明塘高吊"的自然环境与"有人人生万物，无人万物不生"的人文环境相互应和。

　　丹砂资源，是历史以来龙潭古寨得以聚合人群的物质要素。苍苍木悠山，静静瓮溪桥，山里藏矿，桥载人往，联通了人群，交融而化文。

　　田野调查中我们会感慨西南边地的龙潭古寨的昔日繁盛，会凭吊洪渡河边的两汉古墓；或许会欣喜于田野调查中的每一个小发现，或许会温暖于龙潭人的热情相邀。

　　凭栏空吊，洪渡河承载着悠悠岁月从远古流到今天，流动着龙潭古寨的人、物的生生不息。

图 218　过年前夕的申家院落（杨春艳摄于 2017 年）

致龙潭

周星宇

　　青山有情地向后奔跑，迷雾环绕着一切。万山重叠成渊，很久以前它曾梦见我。返城的大巴车平稳地向前开，周围的一切都陷入沉寂。失落、忧伤、梦幻、沉默，似溺水般侵蚀着我。

　　在这次田野考察之前，我一直认为设计是一种主观的行为，经过这次田野考察，我却不再这样认为了。我们做设计不能过于主观，因为这样无法很好地激活设计主体中的"人""物""事"。设计是一种用"心"的行为，需要投入你百分之两百的情感。这也是为什么说"设计有心"。

图 219　龙潭古寨村民与川美艺术设计学师生合影（曾嘉轩摄于 2019 年）

图 220　花灯戏传承人"邹神婆"　　　图 221　花灯戏传承人申启修

（周星宇摄于 2019 年）　　　　　　（周星宇摄于 2019 年）

　　田野考察中，许多当地人给我们提供了帮助，博学的邹师兄、淳朴的申启修老人、亲切的申学伦老师、上天入海的邹神婆、致力于民艺活化的邹馆长、仡寨山庄的老板……各色各样的人，通过他者的视角告诉我们，这个世界还有许多不同的呈现。龙潭古寨有许多已经"死去"的建筑和快要"死去"的文化，正是通过他们——世世代代生活在这片土地上的龙潭人进行串联、变迁。

图 222　务川县的自然地理景观（周星宇摄于 2019 年）

　　我们为龙潭古寨所做的设计方案说不上成功，但我们已经开始关心龙潭古寨了。当我们安然地在寨子里面生活，尝试着去做一个龙潭人的时候，我们已经被此人、此事，此物所感动。这就是为什么说"田野有心。"

　　我们的设计初衷是希望小小的设计能让龙潭人的生活更加美好。在设计过程中最困难的问题就是我们解决不了龙潭的人、龙潭的事、龙潭的物之间的复杂关系，但在田野考察的基础上，我们还是希望尽可能地将龙潭的人、事、物都与设计结合起来。这就是为什么说"设计无外。"

161

图 223　邹师兄毕业于川美，致力于龙潭古寨的保护与发展

（周星宇摄于 2019 年）

　　乡村振兴并不仅仅是一句口号。这个"振兴"不仅仅是把农村房屋修得更好、让乡村经济发展得更快，还应该让乡村的人开心地笑。我们的艺术回归到本质都是为人的。虽然我觉得历来想把中国变好的人都是"疯子"，但是我们不做"疯子"，谁来做呢？我们就应该永远怀着一腔热血、热泪盈眶、饱含感情。风在高原怒吼，鹰击长空。最后致敬生活，"田野有心，设计无外"。

田野之情　田野之理

王　呈

　　初闻田野，对于田野的想象是为行走于乡间小路的一份恬静。

　　进入田野，历史与记忆、时代与遗忘、生活与人情交织成立体的田野印象。

　　醉入田野，打破偏见，有些不自觉的意识已然在身体里开始生长。

　　走出田野，"最美是人情"的暖语，是为走人生之路时温柔而有力的提醒。

　　田野既是对他者的关照，更是对我者的反哺。

　　离开原本熟悉的生活，落入相异文化的远方，若即若离之感驱使着一份好奇。我者与他者如此相似却又如此不同，我们在同一时间维度里生活，因地域的差异而着上了不同的色彩。我与他存有一份疏离之感，却也蕴含着彼此相看时的亲近之愿。田野的道理在于体认日常，情与理化入日常。能否拂去细尘而见微亮，在于眼到、身到、心到，物我合一。在浓烟雾罩之下，寻得清泉之水，明细水长流之理。

　　我常将田野考察与乡土经验并置，每入乡土，朴质真切，我也似落地了一般感到踏实。乡土为根，人情为养，乡土之理，是为日常。记得一位老师曾说过："我们大多数人都是在糊涂的状态下过完一生。"于此话只觉有理不敢细想，而当我踏入真正意义上的乡土，以共情共理之心去了解和理解当下"乡村景观重建"所面临的矛盾时，我开始有了清明之感，这是乡土经验开给我的良方。因为它让我学会选择，这份选择不只是关乎乡土建设究竟何去何从，更是关乎人生态度的选择。带有个人色彩的乡土经验，其变与不变之理便是在贵州务川龙潭古寨的田野调研之中发生和发酵的。

图 224　夕阳西下的洪渡河（王呈摄于 2015 年）

一　田野之初：疏离与亲近（2015 年 12 月 14 日）

我为初次的乡土调研藏入一份遐想，但这份遐想起初带有无意义之感，这也是现代人特有的"钝感"。龙潭古寨与别的村落有区别吗？会不会都是翻新后的仿古建筑？田地和村舍又与我有什么关系呢？疏离的设定让我在初入龙潭的几日里，几乎难以寻得它的独特性。当它的历史、宗族、信仰、朱砂与我无法产生情理的连接时，它就只是描述而非诉说。根植的"偏见"或许也阻碍了我深入了解它的可能性。身在其外，难得其理。

田野考察的开始，我是游离的。寻找寓意吉祥的雕刻、观看杀猪祭祖的仪式、参加迎客的篝火晚会，活动在不同时日里渐次发生，而我与龙潭的距离依然存在。田野考察快要结束时，因调研而去到洪渡河对岸的官学，犹记夕阳西下、田埂野鸭、船夫与渔，有如"浮光跃金，静影沉璧，渔歌互答"之美。那一刻，我被它的朴质撞击了，自此那份悠然自得之感便生了根，美在心头。

因着这份朴质，当我要离开龙潭时，那份与古寨的亲近感便升了起来，为它所藏的浓香酒酿，也开始一点点地发酵。回望，微雨、重山、碎石；老人、老屋、老物，早已映照于心。

图 225　青年人与小牛犊（王呈摄于 2015 年）

二　田野之情：故时与"故事"（2016 年 8 月 27 日）

165

偶见因有缘，再见因有情。此情不浓不淡，化入日常，渐渐生长。再入龙潭古寨已是半年之后，似友的问候，一瞬便有了亲近。此次的田野调研，是为寻找遗失的记忆，而这些记忆也多为年迈老者所记所忆。那些故事里的神话与信仰，不应因时间而淡去了那份厚重，那是龙潭人的过去，忘了来时，何以前行呢？

我将"故事"理解为在过去时日里发生的事，它并不带有想象和臆断之说，只是因为记忆的残损而缺乏了完整性。说"故事"的老者，以《大学》开场:"大学之道,在明明德,在亲民,在止于至善。"这个说"故事"的人是李爷爷,他用道地的俚语开始讲述他对于龙潭的记忆,而我们这些后生,也在云山雾罩中,用心体会着爷爷所讲述的风水之理。有关龙潭的风水之说可以总结为四句话:东有韭菜一包,南有龙潮三道。西有石笋冲天,北有明塘高吊。

图 226　师父和弟子在马拱坡村考察村落保护现状 (王呈摄于 2015 年)

这样的话语里藏着愿景和期待,祈求福德与安康。传统文化以"生生不息"为生命观,一阴一阳,和谐共生。我们常常忽视大道至简之理,甚至视其为糟粕,而它只是静静不语,待你需要时,它亦不吝啬地给予力量。

初入田野,带些想象,以直觉来体会龙潭的风土人情。再入田野,带着学术关怀,以理性来探究如何将龙潭的过去与现在进行承接,而不至于让旧日时光蒙了尘埃。对于龙潭的记忆定是分散于各家,记忆也因个人的差异而存有出入。为了更为完整地了解龙潭的风水,我们找到另外一位老者申启修爷爷,听他对于龙潭的讲述。当所言之事得到再次类同的表述时,我们对于龙潭的风水概况,也能形成更为整体的了解。通过两位老者的讲述,可知在老人的记忆里,龙潭村过去存有好几处风水景观:

1. 裤裆丘:一个檬子两个丁,九个儿子坐九州

2. 沙沟：石猪谢岩林，辈辈不离官运

3. 白坟边：有黄桐大一根棕，代代子孙在朝中

4. 十八步：一石十八步，踏过石步出翰林

5. 狮子口—穿连岗

6. 仙龟撑伞

可惜目前大多数的风水景观已经在乡村改建中消失了。作为学术研究而言，找回过去的遗留，呈现其价值，并最大限度地进行客观陈述，也是学术关怀的体现。

故时与故事，都与过去有关，亦是人们曾经历的生活（而可触的生活才是真实与真情）。我们常常因为走得太快，而丢掉太多本应珍视的宝贝。如若我们一直持理所当然的态度来对待过去的遗存，很难说，在岁月的洗礼下，你是否还能找到自己。田野之情，因时间而变得深刻，离开总在发生，再见亦是新的开始。龙潭成为我的记忆，而这份记忆也因我的回忆而被怀念。正如龙潭古寨的旧日时光，倘若可以触及不被遗忘，由后辈所记忆，那我们也不会再因为逝去而伤怀。

图227　向龙潭古镇的风水师申启修考证当地风水景观（郑雁冰摄于2015年）

167

三 田野之理：礼物与"礼物"

礼物——年历所经历的三个阶段：

礼物是互动，是人情、是道理。当我们用礼物的方式再次观看龙潭古寨时，它是景观更是龙潭人的家。他们的生活不该因应外部时代准绳而被打碎，当土地的意义被抽离出日常生活，不再供给一家一食的口粮，成为失去实际效用的观赏之物时，乡民对于土地的依恋与信仰，也就随之动摇，不安而无法言说。研究者所能做的只有记录，尽绵薄之力留下一份"遗存"（想念）。

图 228 为龙潭小学的学生赠送年历（王呈摄于 2015 年）

年历关乎时间，既是记录也是提醒。通过实地考察与定点定位，我们将龙潭古寨的风水故事与风水景观并置于年历中，不论风水景观能否原境再现，又是否还愿意被龙潭人所记忆，我们仅愿将其记录，不至于让它消失得无迹可寻。倘若龙潭的小孩向父母问及过去的事，至少还能保有可供回忆的路径。

带着制作好的年历，我们第四次进入龙潭古寨。我的老师成了孩子们的老师，我的同伴也成了孩子们的朋友。当我们将年历一份份递送至小朋友的手里时，他们以欣喜的微笑和期待的神色作为回礼，此时确是此乐无比。"小朋友，你知道你的家在地图上的哪个位置吗？"这样的提问是希望他们进入村落进入家，在心里播下种子，让他们循着地图慢慢了解自家的"故事"。

当年历作为礼物进入龙潭人的日常生活时，它会发生怎样的变化呢？被遗忘、被丢弃还是被张贴，这些都将会是它可能出现的结果。我们只能记录变化，不应做价值判断。礼物成为一个媒介，我者与他者便在礼物的互动中加深着对彼此的理解。年历是我们赠予龙潭人的礼物，四次进入龙潭古寨而收获的人情与道理，却是龙潭反哺于我的，更为珍贵的"礼物"。

乡土景观的改建或重建，从来都不是一件容易的事，我们批判着现时的单一与荒唐，却也难以提出更合乎现状的发展路径。我想，慢下来，实现共商共议，或许更能洞察本土的乡土发展逻辑，也能为后代留下一份珍贵的乡土遗产。

一直躲雨　雨会不会很难过

曾嘉轩

你说，一直躲雨，雨会不会很难过？龙潭这场雨来得突然，在田野考察的第三天晚上倾盆而下，从那天开始，班里的每个人"不打伞""不披雨披""不去躲雨"。他们把自己看成了"雨"，他们把自己看成了龙潭的一部分，这样他们才能考虑到雨的感受，考虑到龙潭人的感受。

田野有心，设计无外，设计是外，田野是心。

真正地了解一个人群，才能知道他们真正所想要的。如果上次的田野考察，我希望做一个天真的人类学家，做一个艺术人类学家，抱有好奇心地度过每一个日出日落。那么这次真正的"田野"，我希望做一个平凡的人类学家，做一个设计人类学家，感受生活里的每一个人，他的悲喜，她的冷暖。

> 多数时候百无聊赖，兴奋和愉悦却在某个时候不期而至，你以为已经做出了一个振奋的发现，却原来只是一个意外。
>
> ——《天真的人类学家》

田野考察开始的前几天在邹师兄处和博物馆中得知，当地有个关于老鹰的传说，所以在第一次初步方案的提出中我兴奋地提出了一个想法，可以让老鹰叼着观众进馆时写下的梦想，然后让老鹰飞走，有一种梦想实现的感觉，这样既满足了馆长想让观众把梦想留在博物馆的要求，又尊重当地传统文化。

在我兴奋愉悦，以为做出了一个振奋的发现时，老师告诉我，因为时间的原因，我们的了解产生了一些误区，有些文化内涵是被文化精英所赋予的，并不是当地本身所一直存在的。但现实是，博物馆的每个解说员都是这样讲的，同样我们去宝王府的时候，当我们问起宝王的来历时，他们只会让我们去看前面的简介，而且宝王府里还供着菩萨、财神爷。

那天兴奋的我，被打击了，原来只是一个意外。你以为文化边界十分明晰时，却发现各种观念飞去来兮漫飞舞，当你被迫承认"地球村"已建成，有人又会让你绝望地意识到大家都仍然生活在"石器时代"，文化的边界是如此的牢不可破。在这个意义上我们也是"土著人"，与他们并无根本不同。

> 人类学者的重大责任就是反驳大众对原始民族的错误观感，尽力证明非洲人自有的一套西方观察家忽略的逻辑与智能。在那个新浪漫主义时代里，力守职业伦理的人类学者赫然偏到另一边。今日的状况与卢梭、蒙田时代并无不同，西方人依然利用原始民族来证明自己的观点，以此声讨自己不喜的社会现象。
>
> ——《天真的人类学家》

当申爷爷和邹婆婆主动在申佑广场上表演花灯时，所有人先是围观过来，但他们围观的原因我想只是我手中的三脚架和一个相机。当开始表演时，没有两秒钟，大家都散了，只剩下一个大概二三十岁的年轻人了。

而就在几分钟前的丹堡院落，在老人开口唱时，一个小男孩放下了手中的玩具，看了许久。不用说住在大城市里的人，住在当地县城的年轻人都会认为这是俗、无趣的东西。这世上本没有俗与不俗，丑与不丑。

一个孩子还在幼年的时候，他不会认为杉本博司的《海景》是美，他会认为雨后的彩虹是美；他可能会被贝多芬的《英雄交响曲》所吸引，但他同样会被一切声音所吸引。小孩子的天性还没有被这个社会下的标准评价所改变时，他们可能分不清善恶，但是他们看得到一些我们所看不到的美好，一些我们所缺失的，纯真的美好。当时老师让我赶快记录下这个镜头，我想，老师知道这个不是真正的俗，只是我们在城市的环境下，价值观发生了转变，不是花灯本身的原因，而是我们自身的问题呀！

离开的前一天，我们去告别，发现爷爷不在。最后一天的早晨，听到了申爷爷的声音，他知道我们昨晚去看他，今天早早地来了。我让学姐先下去，余瑜收拾完东西后下去换着陪申爷爷，他来得太早了。他换上了平常不怎么穿的蓝色新戏服，有点不习惯，他坐在那里一动不动，用标准的普通话祝我们一路顺风，工作顺利，万事如意。

其实我们平常和爷爷交流不用普通话，要么重庆话要么四川话，不会用普通话交流，也不知道他是怎么学会的。快上车的时候，我们和爷爷道别，爷爷一共回了两次头。五天的时间，虽然短暂，但我们心里却已经有了牵绊。

人情是人与人之间融洽相处的感情，世故就是这世界上的这些事情。要懂得人，要懂得事，要懂得人情世故。

陪爷爷赶场的那天我们遇到了最大的麻烦，一个多虑的阿姨不让我们拍照，怕会给她带来麻烦，抓着我的相机不放，还要报警。最后一位会说普通话的阿姨和周围的村民通过一起拍合照排解了那位阿姨的疑惑。我们感受到了温暖同时也感到了不解。

老师给我们的解释是，这是田野考察中常有的事，我们毕竟不是他者，考虑得不周全，在人类学中要懂得人情世故。

不同的人对人情世故可能有完全不同的标准，表现方式也不尽相同，人情在于同理心，在于理解与包容。世故在于约定俗成的规则，在于规矩在于礼。有时不懂人情世故的人并不见得是生活在自己的世界中，而往往是我们没有真正进入他们的世界。在这个意义上说，不是他们不懂人情世故，而是我们用自己认可的人情世故去要求一个拥有主见不想被同化的人。田野是心胸。

直到走的前一天，龙潭古寨还在下雨，我感受到了雨，它不难过，它似乎只是缺一个容器，一个可以不让雨流走的容器，可能这个容器叫作设计。

没有谁在雨里，没有谁不在雨里，感受雨里的每一个人，他的悲喜、她的冷暖，让生活成为田野。

笨拙的参与者，天真的设计师

赵诗嘉

我曾写道："人类学归根结底研究的是人，是处于世界浩渺尘沙中的生命。而田野考察的价值在于经历。"为什么？因为有些东西只有经历过，才会懂得。透过这次务川之旅的经历，再回头看最初的心态，我才猛然惊醒，觉察到自己的自私和丑陋。归根结底我都潜意识地把自己放在了一个高高在上的位置，扮演着一种自以为是的"城市精英"身份，对看起来艰苦落后很多的乡村持俯视、轻视、漠视态度。虽说趋利避害是人类的本性，但毫无疑问，这是极度自私的。

图 229　仡佬厨房宣传效果图（赵诗嘉制作于 2019 年）

如今时代的发展快到令我们几乎忘了中国文明是扎根于乡村的，它深埋在千千万万个"务川"之中，是组成中国版图的绝大多数力量，在近年来"乡村振兴"话题的大背景下，我们如何能不关心？

"乡村振兴"似乎早已成为老生常谈，可"乡村振兴"真正落在实处的进度却并不理想。而乡村活化举步维艰往往原因都出在"闯入者"身上。

人类学的关键词是"他者"，而"闯入者"们嘴上念着"他者"，实际上却总是在做自以为是的事情。这也是我在整个田野过程中一直怀有的担心——即便我们有这个参与"乡村振兴"的积极性，又如何保证自己对仡佬古寨中人们来说不会成为尴尬的"闯入者"？政府尚且做不到的事情，我们一群涉世未深的大学生难道能做到吗？

图 230　仡佬之源九天母石（赵诗嘉摄于 2019 年）

对着修改了无数次的 PPT 继续孜孜不倦地敲击键盘的时候，坐在席间，看组长在台上条理清晰地做着陈述的时候，当汇报完毕之后，聆听村民和领导们的意见的时候，我一直想着这个问题。

其实很难想象仅仅八天时间，我们小组就能完成这样远超自己预期的成果。对寨老家厨房的宣传建立在老师的指导，景观组的合作，和我们视觉组成员的共同努力之上的。最终方案修改了不知多少回，在考察了历史遗迹和生活活态两种厨房类型后，我们决定以博物馆的厨房为原型进行艺术化处理，从本地人和游客两个角度传达生活气息和人文关怀。这个过程我倒是深刻体会到了"他者"角度的重要性。

图 231　调研团队于九天母石前合影（赵诗嘉摄于 2019 年）

但在投影仪昏暗的光线里，在混杂着呛人香烟味的掌声中，我也看见了意料之中的结局。确实如老师之前所预估到的，并非人人都能满意或感兴趣，而且在听过村民和领导的感想和点评后，我们才意识到自己已经反复修改、现已自我感觉良好的成果仍旧存在各种各样的细节上的问题。虽然我们时间有限，肯定无法做到完美，也无法让所有人都满意，但对于这样的田野实践，更多的应该是反思，因为我们往往最缺乏的就是从"他者"角度考虑问题，而这样的视角，这样的态度，也绝非这十天半个月能够完全具备的。

那个问题的回答，或许是不能。但那又如何？

我们虽不能说成功，但我们也并未失败。须臾几日，也许我们只刚刚开了个头，问题仍旧很多，或许很多未解决，也或许还有更多等待被发现的问题。或许这十天旅程，只是一个开端。一种思维的转换，一种学习方

175

图 232　我们就设计方案和村民们进行现场交流（赵诗嘉摄于 2019 年）

法的培养，一种人类学视角的锻炼。

　　"田野有心，设计无外"，不知话出何处，也不知如何详尽诠释，但总觉得这短短八字极其触动人心。此前一直很难想象田野与设计这两个相隔甚远的主题能融合在一起，直到这次考察。这宗旨般的八个字牢牢地将我与这场田野考察牵系在一起，连接着仡佬古寨中经历过的所有的汗水与酸甜苦辣咸。

　　或是顶着烈日在古寨中走得汗流浃背，迎着太阳仍旧努力对着摄像机镜头比着手势龇牙咧嘴，眯缝着被日光刺得睁不开的眼睛，肩并肩靠在一起。或是兴高采烈地蹦上游船，跑上二层，迎着碧蓝清澈的洪渡河水远眺九天母石的风光，下船后爬台阶爬得气喘吁吁，也不忘一窝蜂地跑去台阶转角看水流中成群的蝌蚪。寨老家风声的宴席后，喝高的寨老带着大家一起唱歌，逗得我们又笑又闹。博物馆邹馆长亲切地向我们讲述民艺活化的心愿，并希望我们为博物馆创造一片收集梦想的天地。

　　朴实的申启修爷爷，天真活泼的小学生们，用竹篓背着娃娃的明月山庄女老板，还未到花期的百合花海，乐园里的跷跷板和旋转木马，还有风过脆响的风铃长廊……务川谈不上有多美好，但这里的一切都是那么的质

图 233　仡佬传统厨房（赵诗嘉摄于 2019 年）

图 234　调研团队于中国仡佬民族文化博物馆前合影（赵诗嘉摄于 2019 年）

朴和温暖，古寨那一份淡淡的落寞，仿佛时间久了也会静悄悄地在其中开出花来。

　　这场田野之中，我们一直扮演着双重身份——我们既是参与者，也是设计师，撇去其中任何一个都不行。如果参与却不设计，则枉费了"乡村振兴"的预期；如果不参与就设计，又势必变成画蛇添足的粗暴"闯入者"。

笨拙的参与者，天真的设计师。即便笨拙也要尝试参与，即便天真也要尝试设计。

到最后我们会发现田野即是生活。

田野有心，设计无外——"有心"方能"无外"。或许这便是最简单质朴的诠释。就如老师开课前曾说过的那句话，乡村振兴真正要达到的目的是通过人、物、事三者的有机串联，让乡村里的人能够开心地笑，这是人类学的本质，也是设计服务的本质。

虽然我们的设计实践只在此进行了短短十日，但我们已经在冲着这个方向行进，我们也许尚且幼稚而笨拙，但我们已经开始在参与的过程里慢慢融进对龙潭村生活的思考，我们正在逐渐走近这里的一草一木，走近这里的人们，也逐渐走进这片土地最为温热的那颗心脏。我们摸索，思考，当我们学会用最真切的微笑向它伸出双手，它也将向我们慢慢敞开苍老而坚实的怀抱。

图 235　仡佬厨房 logo 设计（赵诗嘉制作于 2019 年）

进退之间

万　鑫

十天田野考察很快就过去了，坐在返程的大巴上我思绪万千却又不知从何说起。小小的龙潭村承载着我太多的情感回忆，从最开始的兴奋到被疾病击倒，再到疲惫焦虑，最后到快乐与感动感恩……每一种情绪变换的背后都是我在龙潭村生活过的印记。

主观/客观？

这次田野考察中我们接触到了很多人，不同身份的人。负责设计龙潭村大大小小事务的邹师兄，跳花灯戏的申爷爷，爱唱歌又有些神道道的邹婆婆，在我们眼中是亲切在他人眼中更多是威严的寨老，还有在我看来是艺术家的博物馆馆长，在十天考察中他们作为不同社会身份的仡佬人以自己的角度向我们讲述他们眼中的龙潭。张老师时常提醒我们要多观察，要注意他们的陈述是从他们个人的角度出发。在田野考察中我们需要明白个人的话语是没法代表整个龙潭的事实的。这一点我们在之后的走访中也深有体会，譬如我较为感兴趣的"打牙仡佬"的传统来源，在短短四天中我们就听到了两三个版本。

几天考察下来，小小龙潭村在我心中主观与客观的界限也来愈发清晰明了。在我们第一次去拜访跳花灯戏的申爷爷时，老师向邹婆婆询问花灯戏中有没有关于丹砂的片段，邹婆婆当即就否定说花灯戏中没有跟丹砂有关的片段。但老师还是穷追不舍地问下去，我当时其实感到疑惑，为什么邹婆婆已经表示没有了，老师还要追问呢？接着出乎我意料的是仅在第二次的追问下，邹婆婆一边神情坚定地说没有，一边又唱起了与丹砂有关的花灯戏片段，我才开始明白老师的用意。人类学的田野考察充满未知与可能，人类学学者要做的不仅仅是不带着预设去考察，就算是在已获得的信息中也该带着疑问的心态逐步去探索信息中主观与客观的成分比重。对于我个人而言，在龙潭村的几段经历也让我反思自己一直以来过于容易相信他人话语，将主观判断直接当作客观事实的毛病。

乡村建设的实质？

在我们策划方案的最开始，我们小组的思考角度是：如何传承花灯戏，如何让花灯戏被游客尤其是年轻游客所了解甚至是喜爱。所以我们想到了年轻人可能会更乐于接受的游戏互动装置，结合花灯戏有十人的伴奏班子的特点，选择上手性更强的鼓/锣来作为游客互动的道具。在小组讨论的时候，我们甚至想将花灯戏的舞蹈抽象化，用简单的舞蹈动作图示来做游戏互动。但同时我们也意识到，这样的做法是否会让本来就处于半失业状态的花灯戏表演者彻底失业呢？

在做游戏方案的时候，其实我一直在犹豫，组内也有反对的声音，当游戏的装置进入乡村的时候，我们的这种所谓帮助乡村振兴的手段是不是也是一种暴力介入呢？游戏机器装置是否会破坏龙潭古寨安静的氛围？我们在做的事情真的是在帮助乡村振兴而不是进一步地破坏它吗？这几个问题一直困扰着我们。直到张老师提醒我们应该关注老人的情感自我实现，我们要做的并不仅仅是让村寨旅游业增收，而更应该关注村寨中的人，我们的目的其实是让人开心。也是这次田野考察中触动我最深的地方，在改进方案设计中我们希望可以在游戏装置的基础上加入表演者的参与，这点是我们游戏设计中最重要也是最难的一部分。但我思考的角度还仅仅只是希望给予表演者以工作，所以提出或许可以让老人在游戏开始的部分担任简单的舞蹈教学者，并在游客通关后给予其游戏币。但我的设想却没考虑到老人的尴尬处境，其实提这个点的时候我有过一瞬间的犹豫，我有想过老人的处境是否会有点多余，这个工作是否对他们来说过于无趣？但惯性使然，想要解决问题的急切心态压过了我对老人的实际处境的设想，结果就是我的提案并没有考虑到给予老人的情感自我实现方面。

　　Gregory 在《设计方法》中说："设计是拿出使人满意的产品，设计的最高准则是使人满意。"这次的田野考察中，虽然其他组都是设计类的小组，唯独我们是活动策划组，但其实在我看来活动策划组的我们的身份更像是服务设计者，然而在最开始我们却完全没有考虑过人的体验与情感需求。在张老师的引导下我们意识到这一点后，才开始考虑到底该如何将表演者合理地加入我们的游戏策划中。虽然最后我们具体的方案中还是有一些不尽如人意的地方，但是在我看来我们的策划案中最大的闪光点就是人文关怀。不仅仅是出于对空置文保建筑和传统技艺后继无人的惋惜，更多的是我们希望通过这次活动策划让老人得到情感的自我实现，做到让人开心，让人满意。人类学的"田野"钥匙就是——"有心"，当城市中的"精英"涌向乡村做乡村建设时，很多时候他们的"介入"不知不觉地都会带有暴力倾向，避免这种情况的方式之一就是采用"多主体"互动的方式介入乡村，要尊重村民的主体性。

再思考

　　在这次的田野考察中，我上的最深的一堂课就是人文关怀。虽说我们的活动策划方案中有考虑到老人的情感自我实现，但其实这样的考虑是远远不够的。

　　渠岩老师在谈艺术乡建时说："要让每一个村民有尊严地生活，重建乡村信仰。"在龙潭村文遗活化的方案中，我们考虑到针对乡村青年劳动力流失严重的现象时，给出的解决办法是在乡村建设中提供更多的就业岗位，吸引年轻人返乡。但实际上，吸引年轻人返乡的关键还在于重建乡村信仰，树立他们对乡村对家园的自豪感。这同时也回到了张老师最初抛给我们的问题，高校美育（在我看来或者可以说是城市美育）与乡村美育的关系，美育是情感教育还是知识教育？是乡土教育还是精英教育？蔡元培先生在"美育"条目中给美育下的定义是"美育者，应用美学之理论于教育，以培养感情为目的者也"，他认为情感是人与生而备的，如果不能得到很好的开发就会被遗失，美育就是在启迪、唤醒、找回人的内在深厚的挚情。那么乡村是否也可以通过美育的方式来建立乡村信仰呢？

与西方不同，中华文明是从乡村孕育出来的，但现实情况是中国大部分乡村沉睡着，死气沉沉。重建乡村需要走出仅仅重视经济发展与城市暴力介入的误区，乡村不该是现代化发展的累赘反倒该是与城市处于守望相助的关系。而作为生活在城市中大学生，我们的视野不该仅囿于城市中的种种，在城市中"全身而退"，我们更可以选择向乡村迈一步，用人类学的思路和专业的知识去感知乡村，帮助乡村。

三　闽南渔村

海边的曾厝垵

余 欢

出了厦门大学，过白城沙滩，转至环岛步道，不久便到了曾厝垵。这条路线是众多游客的首选，也是我初入曾厝垵的选择。

曾厝垵面朝大海。

坐在圣妈宫旁的临海咖啡馆，品一杯咖啡，观潮起潮落，身后隐隐传来游客嬉戏、村民聊天的声音，顿时心生感慨。《沧浪歌》有云，"沧浪之水清兮，可以濯我缨；沧浪之水浊兮，可以濯我足"，兼容并蓄的海洋精神在这个临海的村落体现得淋漓尽致。

图 236　曾厝垵圣妈宫远景（余欢摄于 2018 年）

闽南古厝

图 237　闽南古厝

（余欢摄于 2018 年）

潮一涨，海水就漫到岸上

图 238　涨潮的海岸

（余欢摄于 2018 年）

很多年前，厦门海边可以看到这样的古老帆船

图 239　很多年前，厦门海边可以看到
这样的古老帆船（余欢摄于 2018 年）

图 240　帆船（余欢摄于 2018 年）

　　过了渔桥便是曾厝垵街口。中山街、国办街、文青街等数条街道纵横交错，游客摩肩接踵。沿着国办街前行数米，便至拥湖宫戏台，明明飞檐翘角，却挂着"金牌一条根"的招牌，售卖活络油，有一种违和感。询问店员，方知缘由。原来戏台平日出租给商户，一遇宗教节日，便再腾出为仪式之用。村民与商户各安其位，各谋其政，顿生"云在青天水在瓶"之感。

　　继续向前，商户很多，民宿鳞次栉比，饮食店尤其多，有"四川小师傅""在这里沙茶面""陈罐西式饼铺"长沙臭豆腐等，风格天南海北。一路上耳边不时回荡着"好喝的奶茶啊""长沙臭豆腐不臭不要钱""哦啊煎（海蛎煎的闽南语）"等叫卖声。

图 241　曾厝垵入口

（余欢摄于 2018 年）

图 242　曾厝垵正门

（余欢摄于 2018 年）

图 243　曾厝垵拥湖宫（余欢摄于 2018 年）

图 244　曾厝垵街道（余欢摄于 2018 年）

图 245　曾厝垵拥湖宫戏台（余欢摄于 2018 年）

图 246　曾厝垵福海宫访谈现场（余欢摄于 2018 年）

返回村口的路上，路过福海宫，忽然想起庙住曾伯伯。走到门口时，远远望见曾伯伯正在扫宫庙前的空地。虽许久未见，但见我靠近，他忙向我挥了挥手，咧嘴一笑："你来了呀！"放下笤帚，拉过椅子，沏了壶茶，我们便聊了起来。对于我的问题，他都知无不言，不时哈哈大笑。不知不觉，天色渐晚，正欲起身离去，他问我学什么专业，我回答后，他咯吱一笑："你读那么多书也不会再长高了"。

图 247　曾厝垵福海宫（余欢摄于 2018 年）

189

告别曾伯伯，出了村口，过了渔桥，面朝大海，海涛依旧。回头望去，村口写着"曾厝垵"三个大字的牌坊，映着落日的余晖，闪闪发亮。

跨越山海的生存时空

赖景执

在厦门曾厝垵，"下南洋"曾经是一种独特的生活方式。跨过海洋，穿过人山人海，寻求新的生存时空坐落是对"下南洋"之潮的生动诉说。如今，曾厝垵人到"南洋"探亲，华侨回乡寻根谒祖已是日常之事。在历史的语境与现代的社会交往实践中，曾厝垵是名副其实的"侨乡"。

华南地区俗称的"南洋"即指我们所熟知的东南亚一带。20 世纪 30 年代社会学者陈达先生得到"太平洋国际学会"的资助，进行了"南洋华侨与闽粤社会"的课题研究。在对闽粤华侨社区（尤其是粤东与闽南）与东南亚华侨的社会和经济进行考察后形成了详尽的研究报告并以《南洋华侨与闽粤社会》之名得以付梓。

在引言中，他开宗明义地指出："所谓南洋，指太平洋西部印度洋东部的半岛及海岛，如菲律宾群岛，中国台湾，东印度群岛，马来亚，暹罗，印度支那等。"在该著述中，陈老所重笔描述的闽南华侨社区的社会生活情景正是当时的厦门沿海一带。

闽南地区商埠众多，厦门古属泉州府，地处中国东南沿海，在地理上与东南亚相近，因之，厦门人很早就渡海到南洋一带谋生。早年，南洋尚属初开之地，"过番"（即"下南洋"）充满了未知，甚至生死未卜，可是人们却毅然走出厦门，希冀在过洋之后寻求基本生存的可能。

清道光《厦门志》载：闽南濒海诸郡，田多斥卤，地瘠民稠，不敷所食。故将军施琅有开洋之请，巡抚高世倬有南洋之奏，所以裕民生者非细。富者挟资贩海，或得捆载而归。贫者为佣，亦博升斗自给。

曾厝垵，地处厦门岛之东南，旧称"曾处安"原为曾氏族人迁来安定时取栖身之处安泰之意，在生计的诉求之下，却也无奈地选择了奔走离乡，曾经封闭式的安稳最终走向瓦解。

图248　曾厝垵国办路石碑（赖景执摄于2018年）

以闽南地域社会的惯习，"下南洋"亦称"过洋贩番"。"贩"之本义为"买贱卖贵者"，这意味着在生计上商贸生意是"番客们"新的生存策略的首选。在曾厝垵的走访中，笔者总能聆听到曾氏族人感慨先辈们南洋谋生之不易。早期"下南洋"的人们大多以贩卖海产品（养殖海参、珍珠等）或务工起家，后凭着安稳生存的意志不断延展生存的空间并逐步涉及粮油、布料等生意。

他们发迹之后，于回乡省亲时又互相提携，引荐乡邻前往东南亚各地，由此，后来所称之"华侨"以村的地缘关系为中心逐渐构拟了跨海生存的社会网络体系。可以说，在"下南洋"鼎盛之时，村中壮年男子几乎都有"下南洋"的经历，"过番"俨然成了曾厝垵男性谋生持家的"成年礼"。

　　从时间的跨度上来看,在历史之流中,这些"下南洋"的闽南人从谋生的番客、大商人到华侨的身份转变映照着某一群体为突破生活的困境而寻求新的生存时空的轨迹。而家与宗族的社会组织则维系着血缘与亲缘关系的延续,联结着双边群体的互动,贯串着两种生存时空的并接。

　　在曾厝垵,跨境曾氏宗亲、华侨、侨乡的凝结符号常常能显现于物质遗存与多样的跨境社会交往之中。捐资款项以物资支持的方式表达着跨越时空的生存扶助与命运共同体的观念,也是华侨、曾氏宗亲乐于践行之事。

　　筑立于曾厝垵社福海宫前咸丰七年(1857)重修石碑碑文记载:"槟榔屿龙山堂公捐银一百一十三大员(元)"。同时,碑文亦记载了邱姓人士公捐款项。此公捐者槟榔屿龙山堂即今马来西亚槟城龙山堂。据村中老人讲述与资料确证,槟城龙山堂宗族体系均源于海沧新垵邱曾氏,于18世纪末开始陆续迁居槟榔屿从事贸易或其他工作。其始祖曾明为曾厝垵社始祖曾光绰五世孙。根据看管宗祠的曾锦聪老人回忆,1992年曾氏宗祠重修时,曾获得海外宗亲的大力资助。

192

图249　曾厝垵《重修福海宫碑记》(赖景执摄于2018年)

　　而 2018 年 4 月,曾氏宗祠创垂堂因向新加坡曾氏宗祠捐资 50 万元而受邀参加祠堂落成典礼。20 世纪初,由华侨们斥资建造的"红砖古厝"和具有侨乡特色的"番仔楼"、寄托与连接乡情的"乌烟厝"、跨越海洋后回归乡社而恩泽乡邻的华侨曾国办等均一一呈现着曾厝垵人"下南洋"的普遍经历。这些物质性的"南洋"特征与跨境的交往特质既是历史的印记,亦是不同生存时空反复转置的过程。

图 250　曾厝垵曾氏宗祠（赖景执摄于 2018 年）

　　依曾厝垵曾氏族人的历史记忆而言,曾氏祖先于南宋末年由江苏迁徙于此避乱安身。如果考量曾氏族史与曾氏家族迁徙史,我们可以将曾氏宗族的生存时空放置于更为长远的历史时段之中。

　　在唐宋年间,因战乱而引致的人口迁徙对现今的族群分布格局形成了重要的影响。从中原到东南沿海直至"南洋",曾氏族人在地理空间中辗转,跨越山(如南岭走廊的东部山区)与海的自然存在,持续性地延展着自身的生存时空。

　　如此,曾厝垵人受迫迁徙"下南洋"可谓跨越山海的生存时空。与陆地相比,海域的宽广与相对的非限制性为人群的自由迁徙提供了便利,只要掌握获取海洋资源的技能,生存当不在话下。海域的开放性所构建的非闭合性的网络体系也标识着人物关系流动的频繁与复杂的社会空间衍变。

193

　　因而，它对区域性社会所带来的张力是极具深度的。实质上，在陆地上累世而居形成的宗族社会特征与以离心的方式跨越海域向外延伸并构建新的地域共同体在生存空间的取舍上是背离的，但在文化伦理上却是一个连续体。基于在文化上的诉求，当他们在新的时空落脚时，建立起了以家和宗祠为基点的新的社会秩序，但与原乡土社会的联系仍然是不可割舍的，"两头家"即印证了这一双边关系的存续。

　　在早期，无论是出何种目的而选择"过番"，但"过番"后，他们与原乡土社会仍有着紧密的联系。这种联系不但是表层的个体、家庭间的来往，更多的是一种地方社会共同体的跨境认同。在海外，他们为生存，筑立起了同一世系的宗祠，崇宗认祖，并以宗祠为核心构建了包含社会组织、宗教结构、传统伦理秩序和信仰等因素在内的地方性知识体系。

　　在双边共同体的互动中，当生计足以保障生存之后，个人的命运与宗族的命运紧紧攸关，寻根谒祖、翻建祖屋成了一种具象的认同表述。由是观之，"下南洋"在表面上是一种单向度的社会空间转移，内在里却营造了双向生存时空的生活感，它彰显着区域社会的特质。

　　"下南洋"曾经只是曾厝垵人的一个时潮和历史时段，系迫于生计而逃离乡社的生活方式。在一定程度上，只有将某一社会事象从历史的长时段来窥视，其对区域社会的整体意义才能得以彰昭。

　　由之，确切而言，"下南洋"是曾厝垵曾氏族人跨越山海并长时段谋求生存时空的一种历程，它是理解东南亚华侨社会与侨乡社会的双边互动以及它们如何具备着一体性的一种视角。

194　　近来，学术界逐渐将东南亚海域世界的基本特征定义为非中心社会或者移动分散社会，而在区域社会的定性上，亦萌生出环中国海汉文化圈的概念。细审之，"下南洋"作为一种跨越时空的人群迁移活动，是上述社会特征塑成的重要历史因素，其对社会文化秩序的演化具有长期的推动力。

　　从作为一种流动现象的"下南洋"我们理解了曾厝垵人的生存经历，而从跨越山海走入另一生存时空的"下南洋"，我们需要重新思考与定位闽南甚至中国南疆沿海与东南亚之间的区域社会的整体性。

有求必应

红星央宗

　　李商隐借古讽今，以汉文帝钟情鬼神药石而不闻国事民生，暗喻自己同贾谊一般壮志难酬，只得哀叹一声"可怜夜半虚前席，不问苍生问鬼神"。

　　何以问鬼神，而不事人？答曰，有求必应！

　　今人读诗恐不得李商隐愤懑之感，但有求必应却也是人们对未知之事的最高诉求。那大小寺庙中、神龛前的善男信女、来往香客，哪个却又不是跪拜再三，心中暗许有求必应，有求必应？

　　漳台民间信仰中便将这一类有求必应的鬼魂称为"有应公"，但其本质上是对无祀孤魂野鬼的崇拜。有应公即属阴神，是神格最低的神祇。故其庙宇常分布于偏荒野地，规模不大，有的甚至"高不过寻，宽不过弓"。因其奉祀庙中大多悬挂"有求必应"的红布条，故称之为有应公。

　　信众认为，既然有应公由大家善心装殓奉祀，理应帮助百姓排忧解难，自然对民众的请求也会一一应允。如此背景下，漳台地区倒也不乏许多"有应公托梦奉祀村民，如若年年能事丧纪，必报来年风调雨顺、六畜兴旺""赌徒在有应公前许愿财源广进，随后睡在庙内，等候神谕"等民间传说。

　　曾厝垵便有这样一座有应公阴庙，即天上圣妈宫。宫内供奉圣妈，立有"漂客之茔"碑。其规模不大，宫中除戏台这一主体建筑外，并未修神殿供奉圣妈，仅有一个石砌神龛内供奉一尊小型圣妈像，龛前奉香供烛。神龛后有一拱形封堆，或为掩埋有应公浮尸骸骨的坟墓。

图 251　"有求必应"匾额（红星央宗摄于 2018 年）

　　这里的"圣妈"是对海上女性亡灵的一类代称，其本身并不是神灵或圣人，或许只是意外亡命的渔人或失足落水的渡客尸体随海水漂流至此。由于民众相信人死为鬼，怜悯其无人奉祀，遂组织收殓无人认领的浮尸，并为其建祠供奉，使之有所归属。

　　传说，农历八月初二为此宫所供奉的圣妈神诞，某次祭祀因年景不好，信众难以供奉牲醴，演戏酬神。但到了神诞日夜间演戏酬神的时间，仍有戏班子前来献艺，说是已有老者交了定金云云。众人核实后发现村中并无此老者，再细看定金竟全是金纸银钱。众人大惊，皆以为圣妈幻化。遂此后年年宫前演戏酬神，不敢间断……

　　闽南民间信仰于我一个常驻西南的人而言，确是一个陌生的领域。来到厦门近一年，虽也七七八八耳濡目染了一些，但也丝毫不敢怠慢。因此，初访曾厝垵圣妈宫时便规规矩矩地遵循田野调查原则，观察、拍照、记录、访谈，一副正经做派。

　　而陆续通过各种渠道得知一些当地有应公、有应妈的传说后，倒是大开了脑洞。从小，我便爱看《聊斋志异》《镜花缘》等一类志怪小说，儿时是看花魅妖狐报恩报怨，长大后才又回味出些许无奈和苦涩。民间有应

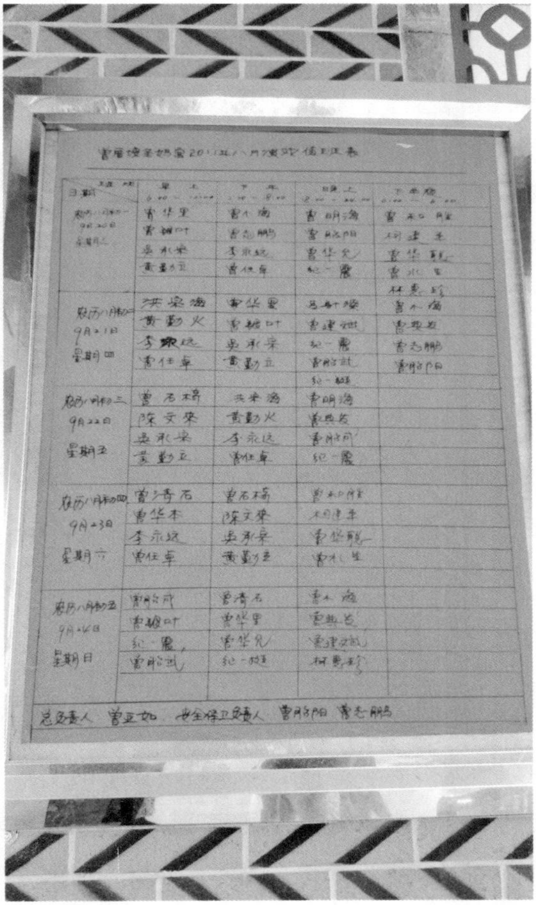

图 252　圣妈宫八月酬神大戏人员轮值安排（红星央宗摄于 2018 年）

公传说的口头传递中不乏一些故事情节的夸张和润色，但其"有求必应"的故事主题没有改变。信众对有应公的奉祀目的多样，或是希望除病消灾、身体康健，或是祈祷家畜兴旺、财源广进，抑或是家寨安宁、子孙希望，皆是美好希冀。信众对有应公"既然受装殓奉祀之恩，理应报有求必应之德"的逻辑，或许有些牵强和无理；但在某种程度上，这种"有求必应"既是一种现实诉求，也是一种理想憧憬。

不得不承认，中国民间的鬼神信仰带较强的功利色彩。

费老在《美国与美国人》一文中曾提道，"我们对鬼神也很实际，供

图 253　圣妈宫神龛和"漂客之茔"碑（红星央宗摄于 2018 年）

奉他们为的是风调雨顺，为的是免灾逃祸。我们的祭祀有点像请客、疏通、贿赂。我们的祈祷是许愿、哀乞。鬼神在我们是权力，不是理想；是财源，不是公道"。

　　一方面，民间信仰中的"造神运动"将对神祇的信仰，泛化为对其神通所赋予的权力的掌控，本质上是为了满足信众的现实诉求。因此，"许愿"与"还愿"成为一种利益交换。民间信仰中，神祇类型的多样化、细目化和神祇职能的专门化、现实化，即反映了这一点。

　　另一方面，现实因素和历史史实推动了有应公信仰的形成。漳台两地的自然地理环境和移民社会的特性使两地曾大量产生无主骸骨。明清时期的倭患和战争不断，以致出现"人相食，斗米值五两""城内骸骨数十万"的凄惨境地。百姓疾苦，身无所依，唯有寄托于鬼神，希望"民有安宁康泰之求，神明切切应之"。如此看来，确也是一种无奈之举——兴，百姓苦；亡，百姓苦！

　　历史浩如烟，枯骨皆作土。如今只见得三开间的圣妈宫阴庙，我也难体味到彼时人们奉祀漂客时心情。

　　田野法则常说，参与要移情，观察要超然。

198

图 254　圣妈宫碑记（红星央宗摄于 2018 年）

199

感性的体悟是引导深入观察的前提，理性的思考是支撑阐释分析的基石。如此这般反复，便也成就了研究者从客到主复而客的深刻体验。我想，这样动情的观察者，便是民族志研究者的魅力之所在吧！

竹　匠

纪文静

　　竹之殇在于匠，竹之根在于山野，然脉在于竹匠，匠而工之，贵贱立见，古路难寻，山路不通，竹匠之作多传于乡野，难入他乡之处，是故贵者亦贱，贱者唯绝尔！良匠以竹为业，仅能果腹；普匠唯有改行转投他业；以竹为业者恒少，又因闭塞，良匠不得新识，闭门造车而觉己工已达艺之极，匠心不优，竹艺不进，久而以为从竹者仅能果腹，无它图，竹殇之二也！——《竹殇》，作者无名氏

图 255　师傅调研漆桥水稻种植（纪文静摄于 2017 年）

竹匠，俗称"篾匠"。"篾匠"祖师爷为泰山。泰山，春秋鲁国人，原是鲁班之徒。传因其用心不专，好旁门左道，遭鲁班逐之。泰山恐无生存之道，遭他人讥笑。归至家中，将学鲁班精工机巧之长，用于编竹，潜心创新，改做竹匠，街市售卖。一日，鲁班恰逢竹器店，见竹器做工精细，精巧别致，闻所未闻，赞叹不已。后经打听，得知泰山而为，由感而言"有眼不识泰山"。泰山便被后人尊奉竹匠的祖师爷，竹匠变成了人们维持生计的方式。

竹在漆桥人的生活中扮演着重要的角色。曾经，刷锅有笤帚、睡觉有竹席、摘菜有背篓、晒谷有晒垫、取暖有火䈱。漆桥人的衣食住行皆离不开竹，由此催生了许多技艺高超的竹匠。去年国庆，因课题之故前往该地调研，便认识了其中一位老竹匠——孔令仁。

图 256　传统村落保护科研团队在漆桥合影（纪文静摄于 2017 年）

孔令仁是孔子第 76 代孙，祖辈开始，四代人都以竹编为生计。据老人讲，他的爷爷出生于"中华民国"初年，一出生便没了父母，家庭贫困使爷爷从 12 岁便开始学艺，一门竹编手艺养活了一家人。父业子承，孔令仁的父亲打小就学会了竹编，手艺高超。中华人民共和国成立后，便到了集

图 257　师父和弟子们在漆桥（纪文静摄于 2017 年）

体公社（模具场）去做事，每天除上交集体 2 毛钱外，自己还有 8 毛钱的收入，平时种种田，干干零活，养活了孔令仁兄弟 5 人，日子虽紧，却填饱了肚子。孔令仁的父亲又将竹编手艺传给了 5 个儿子，儿子们靠这门手艺养活了各自的家庭，各自又将这门手艺传给自己的孩子。就这样，一个竹艺的生计让四代人在漆桥生根发芽。

　　靠竹为生的孔令仁，家里摆放着各种各样的竹具。他告诉我们，虽然没有具体统计过，但迄今为止，自己编过的竹具已达数千件，大到桌椅板凳、箱子柜子，小到玩具、茶盘，这些竹具记录了他的人生故事。故事中的悲喜从孔令仁老人那双经年累月编织竹具而粗糙的手上可以阅读出来。这双长满老茧的手让人过目不忘，十个指头又短又粗，像是一些老干树的枝子，看上去十分拙笨。

　　但是，在老人编制竹具的时候它们却显得异常灵巧，手中所有的竹条仿佛被施了魔咒，都变得服服帖帖，要长就长，要短就短，即使一根根毛刺扎到了老茧里，也丝毫不影响。这双手从手指到掌心，到处是被篾片刮伤的痕迹，一个竹匠的辛苦全然就在手上，它们让我想起了白居易《卖炭

202

图 258　孔令仁老人的双手（纪文静摄于 2017 年）

翁》中"满面尘灰烟火色，两鬓苍苍十指黑"的诗句，不由心生怜悯和敬佩，泪水在眼眶里打转，老人发现后笑着说"竹匠这一行，不被竹子拉伤个百次千次，是难以学成这门手艺的"。也正是这双被竹子拉伤百千次的手道出了珍贵的工匠精神。

然而，在当下这个浮躁的时代，学艺难，守艺更难！

据孔令仁老人讲，制作竹器，要经过选竹、破篾、染色、编制、装提手等十几道乃至三十几道工序。选竹是最首要的，年轻的时候，为省钱往往一大早赶几十里山路到山上去砍竹。竹子密密麻麻，有时候天不亮看不清，只能通过触摸辨别出竹子的优劣。竹子口径越大利用率越高，细竹则是编制精细竹器的最佳竹材。细竹用镰刀或者柴刀都能轻松割断，但是要想得到一根完整大口径的竹子，却是需要一些时间和力气，顺竹子倾斜的方向砍方能省力省时。

砍竹只是第一步，因为当时交通和工具不便，往往靠人拉肩扛，现在一上午就可以完成的工作，当时却要一两天，这些都是力气活，做得时间久了，手和肩膀都生了老茧，便没了知觉，没了苦痛。老人说"现在人经不起这份苦，做不了这种活。好在苦都让我们吃尽了，我们的孩子、孙子现在过得好，不用这么辛苦！"学艺是艰苦的，因为苦所以大多数人放弃了对手艺的认知和追求。

图 259　手摇竹篾机：破薄篾　　　　图 260　手钻：竹编产品钻孔的

（纪文静摄于 2017 年）　　　　　　工具（纪文静摄于 2017 年）

　　在孔令仁老人的家里，我们认识了篾尺、篾刀、木槌、过剑门、刮刀、手钻多种竹编工具，每一样工具都是老人最亲密的伙伴。老人说，"时代变了，人变了，事变了，环境变了，工具却还是那套工具，款式还是那套款式"。

图 261　篾尺：主要用于测量尺寸和编织时挑经篾、穿插纬篾之用

（纪文静摄于 2017 年）

　　二十多年前，他用它们做的竹椅、竹箩、筐、簸箕等竹制品十分畅销，现在物资丰富了，竹具已被其他材质器具替代，这不是工具的错，而是时代变了，人的需求变了，"我们的款式却没有变！我们也没有变！尽管我们做的竹具和制作方法仍然是最生态、最环保的，但是一个竹篮要花两天的人工，拿到市场却只能卖五六十元，还卖不出去！儿孙们早就不让我做了，一辈子都在做这个，舍不掉啊！闲不住打发一下时间呗！"

图 262　篾刀：破竹、启篾、分丝、
刮削之用（纪文静摄于 2017 年）

图 263　刮刀：刮篾、去篾丝棱角
（纪文静摄于 2017 年）

图 264　过剑门：劈割精细篾丝、刮磨薄巧篾片
（纪文静摄于 2017 年）

　　20世纪90年代后，靠竹编为生的孔令仁哥几个的日子过得越来越窘迫，老二、老四、老五换了别的营生，只有他和老三操持这份旧业，孔令仁的下一代虽学了手艺但早已换了其他工作，孙子辈的孩子都是独子，老人们舍不得他们做这份苦差事。"我们老孔家的竹编后继无人了！"这是孔令仁在采访时最后发出的感慨。时代变化对老人和他的手艺提出了新要求，适者生存，我们的传统手工艺需要更多的创新。

　　据村里人说，孔令仁老人现在每天还在编竹具，并不是为了挣钱，在漆桥用竹器的老人家还有很多，总得有个人帮他们修修补补。

　　任何一种技艺，其生命皆因创新而生，而泰山就是竹匠的开创之人；任何一种技艺，其生命皆因传承而延续，而孔令仁老人就是传承之人。然而令人遗憾的是，老人虽手艺高超，却因创新的桎梏，使自己的作品变得"无用"。传统技艺的兴衰，无不关乎一个词"有用"。然而，"有用"有它的时代和现实语境。适应当下的语境，激活传统技艺的生命必须学会"变"与"守"，变就是创新，创新需要我们拓宽眼界，更新认知和思维，改变用途与方法；守就是继承，继承需要我们保护好传统技艺依赖的自然和文化生态环境，守护好我们家园村落和艺人，传承好我们伟大的工匠精神。

四　糯黑彝寨

猴子戏水的石头寨

巴胜超

　　糯黑，彝族撒尼语音译，"糯"为"猴子"，"黑"为"水塘"，汉语意为"猴子戏水的地方"。相传，很久以前，四周的山上丛林密布，村子水塘里的水常年都是满满的，清澈见底，四周鲜花盛开，风景如画。树林中飞鸟走兽和谐相处，山上的猴子经常到水塘边戏水，村中水塘也被命名为"猴子塘"。

图265　猴子塘是村民洗涤的重要场所（巴胜超摄于2009年）

　　因村民祖祖辈辈就地取材，创造了三间两耳的传统石板房样式，石头墙、石板路、石板广场、石磨、石碾、石台，堆砌成了石头的世界，在乡村旅游的助推下，"糯黑石头寨"的美誉也传播开来。

图 266　大糯黑村典型的石板房建筑，因为此建筑特色，
大糯黑村也称为糯黑石头寨（巴胜超摄于 2009 年）

　　糯黑村位于云南省昆明市石林县东部，归属于圭山镇糯黑村委会（有大糯黑村和小糯黑村），距离石林县城 30 公里，全村有 395 户 1507 人，彝族撒尼人占 99.8%。据老人们说，糯黑村始建于明洪武三十一年（1398），在对外宣传时，村民把糯黑的历史总结为四句话：

　　　　一片石头演化的历史；一曲撒尼文化的欢歌；
　　　　一塘边纵星火的印记；一段写生绘画的传奇。

　　如今，大糯黑村对外的"标准"被表述为：
　　大糯黑村依山傍水，山清水秀，景色宜人，位于石林风景名胜区东部约 25 公里处，"九（乡）石（林）阿（庐古洞）"旅游专线公路穿村而过，交通便利，具有明显的旅游交通区位优势。全村依山傍水，景色宜人，属低纬度高原季风气候：冬无严寒、夏无酷暑、四季如春、干湿分明。

图 267　大糯黑全景　春（巴胜超摄于 2016 年）

图 268　大糯黑全景　冬（巴胜超摄于 2016 年）

　　作为一个典型的撒尼村寨，大糯黑村撒尼文化历史悠久，积淀深厚，特色突出——民居建筑 98% 以上为典型的传统石板房，有的石板房已有上百年的历史，并依旧保留完整，独具石林彝族民居特色。大糯黑村已有

600 余年的历史，彝族撒尼传统文化积淀深厚，保存完整，内容丰富，特色突出。该村被石林县政府誉为"彝族大三弦第一村""圭山彝区第一校"（1914 年创建小学）"七彩包头第一村""彝族碑刻第一村"（撒尼碑文最早、最多）等称号。

20 世纪 30 年代以来，著名学者楚图南、吴晗、李公朴、闻一多、朱自清、杨春洲、李广田等先后到石林实地考察，留下了很多关于大糯黑的珍贵记录和照片。80 年代初期，毛旭辉、张晓刚、叶永青等青年艺术家来到圭山写生，并在大糯黑住下来。厚重的历史和独特的民俗文化，成为专家学者、艺术爱好者研究撒尼文化、田野调查、写生摄影的天堂。

特别是在 2004 年之后，随着大糯黑成为云南各大学的田野调查基地，更多的学者、学生和游客来到大糯黑调研、写生、游览，2009 年在云南举办的世界人类学民族学大会期间，更多外国学者通过会议考察认识了大糯黑。经由学者的研究、政府的宣传和游客的关注，大糯黑试图打造成为"阿诗玛民族文化生态旅游村"。

以"景观"来概括大糯黑乡村旅游的"乡土景观"，在"吃住行游购娱"六个方面有以下表征：

吃：厨房里的阿诗玛

在文化旅游的背景下，为吸引游客到大糯黑进行"舌尖上的探访"，大糯黑村的"民族风味"在原生状态的味觉传承中，加入了"阿诗玛文化想象"的符号化流转，对饮食进行着符号化的表述与传播，并呈现出"厨房里的阿诗玛"的文化风味。

在大糯黑村的食物体系中，随着文化旅游的发展，逐渐引入"阿诗玛"符号，产生了诸多"阿诗玛"牌食物。大糯黑撒尼人喜欢焐白酒，一般先把糯米用冷水泡一个晚上，第二天把泡好的糯米放在甑子里蒸，并用冷水反复搅拌，蒸熟后将糯米扒散开，之后放入适量的药酒、冷水，搅拌均匀后装入缸中，密封好，放在锅灶边发酵几天即可食用，在农忙季节或盛夏时节，可解乏消暑。除了这种没有很高酒度的甜白酒，撒尼人还用苞谷、苦荞酿造苞谷白酒、荞酒，大糯黑村的村民将这种白酒、荞酒取名"阿诗玛咖啡"，用之招待游客。除此之外，还有日常饮食生活中的蘸水，当地人一般会用薄荷、葱、姜、花椒、辣椒、食盐、味精、酱油等调料调配，并给它取名"阿诗玛蘸水"。

图 269　农家乐饮食准备

（巴胜超摄于 2016 年）

图 270　农家乐装饰

（巴胜超摄于 2016 年）

213

图 271　农家乐装饰（巴胜超摄于 2016 年）

质朴的酒和食物，在"阿诗玛"的包装下，散发着一种"后现代文化"的"解构与嫁接"，而"阿诗玛"牌咖啡、蘸水的传统发明，并非来自游客的命名，而是大糯黑农家为了招揽游客，在食物命名上的幽默处理。游客因阿诗玛之名，来到大糯黑旅游，除了看景点，还能吃到与阿诗玛相关的食物，自然尽兴而归。

住：民宿的"标准间"配置

石头寨的石板房是大糯黑村住宿接待的"民宿"特征。2007年，在石林县民委的支持和资助下，大糯黑村盖起了石头寨门，并用汉语和撒尼语写上了"糯黑石头寨"。随后，村民在对外交流时，都称"糯黑村"为"糯黑石头寨"，村民的刺绣品上也出现了"石头寨"的字样。

图272　糯黑村大门（石林县文旅局提供2015年）

从2005年至今，大糯黑村的"彝家乐"数量基本在5—9家，每家的住宿条件也参差不齐。开展"彝家乐"较早的农户，一般直接将自己家人的居住空间进行简单的吊顶、铺上地砖或木地板，改造成接待客房。

房间里按照空间大小，摆放几张床，除了床单被套和一个简单的桌子外，房间里就没有其他配套了。客人的拖鞋、洗漱用品等需自带，因为大糯黑处于喀斯特地貌区域，缺水问题严重，房间里没有独立的卫浴设备，多户对自家的厕所进行改造，贴上白色花纹瓷砖，装上抽水马桶，试图营造一种与标准间类似的卫生环境。但是因为缺水，基本还是依靠一桶水、一个瓢来完成清洁，要想在大糯黑用淋浴洗澡，必须等一个大晴天，有足够的热水才能实现。

　　到大糯黑调研写生的师生，大多能在这样的居住环境下待个十天半个月，但是来游玩的散客和团队，基本不能够忍受这样的住宿环境，所以很多游客都是早上来到大糯黑，吃完午饭在村子里转转，看看民居，爬爬杜鹃山，吃完晚饭就离开了。

图 273　民居室内的阿诗玛文化元素（巴胜超摄于 2016 年）

图 274　民居室内的阿诗玛文化元素（巴胜超摄于 2016 年）

行："九石阿"旅游专线旁的村寨

大糯黑村距石林县城东南 30 公里，距石林风景名胜区 25 公里。2004 年，按二级公路标准建设的"九石阿"旅游专线建成通车，进出大糯黑村变得相对便利。

"九石阿"公路是连接九乡、石林及阿庐古洞的旅游专线公路，大糯黑村就在这条公路石林海邑镇段，游客到石林县城后，可以在石林东站乘坐城乡公交（约半小时一趟），到大糯黑村村口下车，进寨门再行走 1 公里即可到达。

入村道路全部硬化，自驾游则更为便利，沿"九石阿"旅游专线至石林景区生态文化园，再往圭山方向行 30 公里左右，路左边有"糯黑石头寨"寨门标志，容易辨认。

游：糯黑石头寨的"景点"

2013 年，石林县政府在"糯黑石头寨"投入了 700 多万元用于改造基础设施，新建了游客接待中心、石头寨导游示意图（含村内指示标志）、杜鹃山观景亭等专门为游客游览准备的基础设施。

竖立在猴子塘边的"石头寨导游示意图"，不仅标识出了大糯黑村可供游人游览的景点，而且把一路之隔的小糯黑村也标识在其中。大糯黑和小糯黑同属糯黑村委会，两个自然村相隔 1 公里，大糯黑的老人曾经私下和我说，小糯黑的人信天主教，我们不信天主教，我们信自然万物。实际上，大小糯黑都是传统的撒尼村寨，只是在宗教信仰上有差异，至于为什么传教士当年没有把一公里之隔的小糯黑的民众感化，这就不得而知。

在标识出来的景点中，民居客栈占了 10 个（小糯黑村口的尼米人家和大糯黑的 9 家客栈）、村口门头 2 个（大小糯黑的村头），再加上石头寨村委会、游客接待中心、猴子塘、边纵司令部旧址、盘江日报社旧址、王家大院、密枝林、民俗博物馆、广场、小学、刺绣品展示点和杜鹃山（观景亭）。

其中，广为摄影家拍摄传播的"石头寨鸟瞰图"鲜明地被放在了导游示意图的右上方。以此示意图为基础，在村中道路交叉的相应位置，用木质红底白字三种字体（中文、撒尼文、英文）对以上"景点"进行导引。2013 年之前，大糯黑旅游的标志指引，主要是靠 2009 年世界人类学民族学大会时所竖立的阿诗玛文化课堂、密枝林、猴子塘、杜鹃山、刺绣家访点等木牌标志完成。

图275　老外在糯黑石头寨（石林县文旅局2015年提供）

购：需要找寻的旅游商品

在大糯黑村，能找到旅游商品的地方主要集中在村子里的小卖部、两家刺绣店和开办农家乐的客栈。2016年村中有7家小卖部，其中大量的商品均是日常用品，主要为村民服务，在一些小卖部里有一些刺绣品，如民族包包、带民族纹样的纱巾出售。两家刺绣店则集中出售民族服饰，品类相对齐全。

而农家客栈中，除有民族服饰售卖，还能通过客栈老板找到当地产的乳饼、蜂蜜、苦荞酒等食品。可以说，当你游玩想带点旅游纪念品回家，不是一件容易的事情，因为村中现在出售的服饰绣品，大多也是从石林县城的刺绣厂拿货来的，并没有独特的地域特点。

娱：撒尼歌舞

在大糯黑，娱乐休闲主要与歌舞有关。

大糯黑当地人说：酒厂不倒，三弦不停，斗牛场不倒，就是石林县的文化产业。酒厂不倒，说的是当地人对苞谷酒、苦荞酒的饮酒习俗；斗牛

217

场不倒，讲的是彝族撒尼人民间的斗牛活动深受民众的喜爱；而三弦不停，则指撒尼人民间歌舞的兴盛，抱着孩子、背着孩子排练，在劳累之余还坚持排练歌舞，这是"三弦不停"的内在动力。

在大糯黑，游客能体会到的以歌舞为核心的娱乐休闲，主要包括迎宾时的三弦舞蹈、"土八碗"接待宴席上的酒歌、村民日常的歌舞排练、婚丧嫁娶岁时节庆时的歌舞表演和晚宴后的篝火晚会。

图 276　撒尼原生态歌舞阿诗玛文化传承文艺队排练（巴胜超摄于 2016 年）

218

图 277　大糯黑村阿诗玛文化传承文艺队合影（巴胜超摄于 2016 年）

　　2015 年，在大糯黑村出现了第一个乡村酒吧——"火塘乐色"酒吧。大糯黑村出现了一个采借自丽江风格的酒吧，这在大糯黑乡村旅游历史上，是一个很重要的事件。第一个酒吧的出现，是当地年轻人开始从外地回家参与旅游产业的一个信号。在调研期间，正逢春节假期，我们看到很多从广州打工回来的年轻人，他们穿着时尚，整体打扮和城里的年轻人并无二致，对时尚消费品、微信沟通等传统大糯黑"之外的世界"并不陌生。那些没有出远门的年轻人，也大多在石林县城工作。可以预见，未来的大糯黑村，会因为他们的存在而走一条不同于老辈人的路。

睡在山林间，住进人情里

赵　晗

2018 年春天，与大糯黑村不期而遇。这座年代久远的石头小村，没有城市的光鲜亮丽和繁华，但浓郁的乡土生活气息扑面而来，这种"既文艺又粗陋，既乡土又古朴"的场景，就像是 Photoshop 里剪切粘贴完成的拼贴画，但一切又都是真的。

图 278　糯黑村的清晨（巴胜超摄于 2009 年）

"你们到啦！"接待我们的是村里的曾大哥，他家的农家乐就是我们即将开始田野生活的"根据地"，另一位热情迎接我们的年轻女子，想必就是农家乐的女主人春花姐了。曾大哥家的地势不高，一楼是堂屋和客人吃饭的地方，还有一个小花园，二楼便是客房，客房之间有木板作为隔断，也有一个小客厅用于我们平时开会使用。站在二楼便可以看到对面的石头房，每天早上，眼睛最先看到的是阳光下的猴子塘，在太阳的照射下波光粼粼，明亮如镜，显得格外好看，原来大山里的生活竟和仙境一般，宛如世外桃源。

图 279　洗麻（巴胜超摄于 2016 年）

图 280　做针线（巴胜超摄于 2016 年）

221

　　我们慢慢融入这个村子，习惯村民的生活节奏，对这个石头寨也有了更深刻的了解，每天在村头大摇大摆散步的拥有蓝尾巴的公鸡，一直在睡觉的大白猪，偶尔趴在树上唱歌的不知名的鸟，晚上想参与我们开会的肥老鼠构成了大糯黑村最普通的画面。在田野调研期间所有的受访者都会热情地招呼我们去家里吃饭，纺麻的阿婆会把所有的手工织品拿出来给我们拍照试穿，寨子里遇见的所有人都会热情地回答我们的问题。我们每天跟着老乡日出而作、日落而息，一切都充满了中国乡土浓浓的人情味。

　　大糯黑村每天的生活都非常简单，早晨从鸡鸣的第一声开始，然后在锅碗瓢盆的碰撞声和早饭飘来的香味中开始一天的劳作。不得不说大糯黑村的饭菜极佳，同行中不管男女每天都可以吃两碗以上的米饭，最终导致调研结束后大多数人都长胖了不少。按照惯例我们吃罢早饭便会分组出门采访，因为我们的调研期正值农忙时期，村民每天都张罗着买化肥和田间劳作，所以我们在田野调研的时候也会帮着村民做一些农活，给田野调研增加了不少实践体验。

图 281　调研者和村里的老人聊天（张建龙摄于 2018 年）

　　大糯黑村属于喀斯特地貌区，村里的农作物以玉米、土豆、烟叶等旱作物为主，尽管大糯黑村在云南拥有一定的名气，也作为国内各个高校的调研基地，但他们大多数人似乎并不是很富裕。村寨自身的发展不仅受到地理、交通等外部因素的影响，往往还受到民族文化的制约，在众多因素的共同作用下，贫穷似乎成了一种普遍而持久的现象。然而朴素辛苦的生活却从来没有在他们脸上呈现出苦涩，无邪的笑容反而让我们感觉到他们简单的幸福。

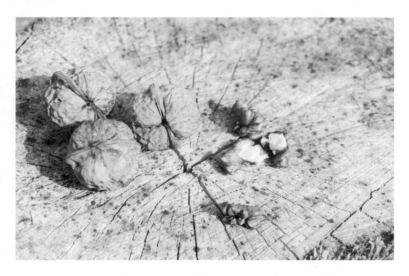

图 282　随处可见的核桃（张建龙摄于 2018 年）

寻得一缕"乡愁"

张建龙

　　糯黑的清晨很热闹，人还未起，鸟雀便已开始欢腾。池塘边的柳树上藏着四喜鸟的歌声，麻雀在房顶与屋檐之间来来回回，跳得甚是欢快，时值仲春，燕子成了村中的常客，它们三五成群，在电线上稳稳当当地蹲着，似乎在讲述远方的故事，我们循着公鸡的呐喊，走过一户又一户人家。

　　天色尚早，清晨的风从林子里吹来，有些寒冷。早起的村民从家中出来，挑着水桶，到路旁的池塘中取水，他们虽不认识我，却很热情地跟我打招呼，一开始我们有些惊讶，随后便是无尽的温暖，这种感觉，自离开家乡之后，恐怕早已成了记忆深处的尘埃。我们礼貌地向他们致以问候，看水桶一一浸没在池塘中，忽又猛然从水面冒出，随着那些矫健的步伐渐渐消失在清晨的雾气当中。

　　顺着乡间小道一路寻访，路过一家商铺，只见店门敞开，货架上陈列着各色食品，然而店中无人看管，数次呼喊之后，方有人声应答，主人从后门进入小店，乃知商铺与店主家院相连。购买了一些零食之后，我们便与店主攀谈，问及店家何以敞门不顾而无惧东西丢失，店主只轻松一笑，道是村民恪守本分，从不行盗窃之举，故而不必担忧。于是我们感慨不已，此地虽物质匮乏，生活艰辛，然而当地人彼此信任，互不损益，村民之品行不可谓不高洁，乡风不可谓不淳朴。

　　还记得路边有一位老人正在垒石块，她头戴斗笠，佝偻着腰，手里握着小锄，奋力撬起嵌在土堆中的石块，再整齐地垒在一起，因为年纪大

图 283　村民挑水（巴胜超摄于 2009 年）

图 284　大糯黑调研团队（王小彦摄于 2018 年）

225

了，她看起来有些力不从心，却始终不曾放下手中的活，像路旁的老核桃树，历尽沧桑，树根依旧紧紧抓着脚下的土地，从那些山石的缝隙里汲取养分，在日渐无力的枝头，奋力挤出一整个春天。我们近前去，想要帮帮她，老人坚决不同意我们帮她干活，她说搬石头又脏又累，会把身上弄脏。担心我们继续要求帮她干活，老人遂放下手中的锄头，在石墙边站定，问我们从哪里来，我们如实回答了她，随后在路边聊了起来。老人很淳朴，对外面的世界充满了好奇与猜测，或许这个世界从来不会特别关照那些对它心存敬畏的生命，然而有一些人依旧会毫不掩饰自己的弱小。在老人的认知里，外面的世界当是五彩缤纷的，文明、进步、强大、富裕……然而这些充满了力量感的词汇，似乎从未眷顾这里的生灵。她并非自卑，而是勇敢，她无须凭借那些浮夸做作的语句来对自己的弱小遮遮掩掩，而是勇于正视人生的艰辛，向往幸福美好的生活。

此时正值春季，按理应是小麦摇穗、大豆飘香的时候，然而由于糯黑地处喀斯特地貌区，土地贫瘠，水乏壤浅，故而冬春之季很少有人家会种植作物。地里的土壤十分干硬，土层也不深，几乎连杂草都不长，地里随处可见凸出的石块，少有较为规整的土地。在这样的自然条件下，农作物产值必定不高，倘若只靠农业收成维持生活，村民的生计当算得颇为艰难了。

图 285　大糯黑村的猴子塘（巴胜超摄于 2009 年）

在邻近村尾的山坡上，有一大片核桃林，春天到了，这些核桃树都抽出了嫩芽，枝头挂满了一串串初开的核桃花。核桃树应该是当地比较常见的树种了，我们进入村寨之时，沿路都能看到几十年甚至上百年的核桃树，生机弥漫而掩不住岁月沧桑。我们在这片林子里偶然捡到村民收获之后遗留在地里的核桃，甚是欣喜，埋头细寻，不一会儿便拾到满满一草帽。

不远处传来羊群的叫声，此起彼伏，竞相应和，循着声音走去，见一老者正在牧羊。近前交谈，乃知老人为大糯黑村撒尼人，每日到此放羊。细看之，黑山羊与羯羊混牧，同食同息，却也和谐。在交流过程中，老人不断扯下挂在腰间的麻绒，一点一点搓成麻绳，再缠在手上，以防散乱，动作娴熟，不曾停歇。这里的人们大多如她一般勤劳，对待生活一丝不苟，或许懒惰在这里是无比可耻的事情，他们不停地劳动，从身体到心灵，都勤劳而朴实。

返至山路转角之处，村庄的面貌渐渐清晰，居高临下，能见屋舍错落，村民喜在房前屋后种植核桃树、李子树、杏树、桃树等果木，远远看去，苍翠青葱，点缀其间，甚是好看。忽闻蹄声嗒嗒，和着铃铛的脆响，惊起几只藏在灌木丛里的山雀。原来是牧羊归来的村民，他看起来有六十多岁，头戴一顶红色的遮阳帽，岁月沧桑，帽檐上的色彩褪去了许多，微微有些泛白，右肩上斜挎着一个用编织袋缝制而成的背包，躲在包里的柴刀向外探出柄来。他走在羊群的后面，腕挎藤鞭，足下踏着一双青绿色的解放布鞋，走得是自在逍遥。

村民善饲羊，村中多闻羊声，自村头至寨尾，竞相应和。牧羊的村民踏着黄昏归来，羊群行到池畔，一一俯身饮水，而后又在清脆的铃声里向村落深处走去。农用车的轰响由远及近，愈发清晰，不一会儿又渐渐远去，消失在逐渐柔和的日光里。

眼看暮色微醺，太阳就要西沉了，余晖散落在池中，水面浮光跃金，荡漾开一片粼粼波光，归来的鸟儿歌声清脆，天空渐渐染上温暖的橙黄。在外劳作的村民纷纷归家，或于小院梳洗，正卸一身疲惫，或于厨房炊煮，欲犒一日艰辛。年纪幼小的孩子们无须家长的陪护，或于空地追逐嬉戏，或于塘中玩水捉鱼，三五成群，甚是欢快。

这里的人们生活和乐安然，不得不说与他们的精神观念有着密切的联

227

图 286　糯黑小学做课间操的学生（巴胜超摄于 2009 年）

图 287　接孩子回家（巴胜超摄于 2009 年）

系。当地村民都十分崇尚自然，提倡人与自然和谐相处，万物有灵的观念成为当地人精神理念中不可分割的一部分。故而他们会定期举行活动祭祀诸神，祈求神灵保佑风调雨顺、六畜兴旺、年丰人寿、无病无灾，正是因为对自然长怀敬畏之心，村民们恪守本分，勤勤恳恳，在对自然资源的合理利用中繁衍生息，过着自给自足的和乐生活。

恋爱自由的观念在当地撒尼人的文化传统中亦发挥着重要作用，在这

图 288　接孩子回家（巴胜超摄于 2009 年）

图 289　老人们在糯黑彝族文化博物馆前绩麻（巴胜超摄于 2009 年）

一理念的支撑下，当地村民的家庭关系向来和谐。不同于汉族传统的"父母之命、媒妁之言"，当地撒尼人提倡恋爱自由，一般来说，一个家庭的组建是基于男女双方共同的意愿，有着较为深厚的感情积淀，所以夫妻双方关系和睦、地位平等，家庭自然也幸福和乐。

现代化进程的加快，使更丰富、更便捷的新事物逐渐走进撒尼村寨，面对外来事物，当地人有选择性地兼容并包，再加以融合，在丰富知识的同时，也方便了日常生活。从新式服装、工业制品，到信息网络、电子产品，新事物逐渐走进各家各户，改变着糯黑人的生活，也影响着他们的精神观念。

在离糯黑村不远的镇上，有一个集市，面积不大，却很热闹，附近各个村寨的人们都到此购置物品、休闲娱乐，街上摊位云集，卖着各种商品，有新鲜蔬菜、咸菜、水果、糕点、饮品、各色小吃，以及瓜子、花生等零食，还有锄头、菜刀、罐子等生产生活用具，除此之外，尚有各式服装……但凡生活所需的各种普通食物、物件，这里几乎都能买到。集市上人潮涌动，熙熙攘攘，到处都能听到小贩的叫卖声、孩子的闹喊声、人们的欢笑声……无论是买卖货物，还是亲朋相遇，大家在这里都能找到自己的快乐和需求。人们在此讨价还价、畅叙天伦，暂时放下家中的劳动，尽情享受集市的热闹，呈现出一派热闹祥和的景象。

图 290　大糯黑村的包头广场（巴胜超摄于 2016 年）

　　相对于城市里的大型商场，这里几乎看不到一点儿现代化的模样，然而在我们这代人的记忆当中，这种感觉是多么熟悉，我们曾经在改革开放的春风中一路成长起来，见证了这个时代的发展，那些从无到有、由简入繁的生活细节，扎根在我们的记忆深处，陪我们走过了那个年代。如今在这个地方，那些内心深处的记忆再度被唤醒，感触不可谓不深。我们也买了很多好吃的水果和零食，行走在拥挤的人群当中，安然自在，真真切切地感受着生活最本来的模样，逍遥自在地享受时光。

　　在糯黑，天空还是那片天空，云彩也还是那些云彩，只是那一缕被现代城市日渐湮没的"乡愁"，在这里仍然焕发着活力，"阡陌交通，鸡犬相闻"在这里不再只是古诗文里的传说，乡村的面貌在这里依旧年轻，每一个头顶灰尘的旅人，都能在这里沉淀下来，让春日的气息轻轻包裹着，在嘤嘤的鸟歌中，拥抱住那一缕"乡愁"。

当一回撒尼人

苏露露

印象中的乡村大部分属于城郊村。每过一个市、县，旁边总是挨近着村子，个个村落之间没有明显的分界，区分的大概标准就是看村落民居的集中。来到大糯黑，我对于乡村的理解有了一个新的界定。它有单独的村口。村口是一个与外界沟通的枢纽。往前是村落，往后则是外面的世界，区分明显，别有一番韵味。其中最为吸引我的要算撒尼文字。村中的指示牌通常也是三种字体：汉字、撒尼字、英文。撒尼文字给我的第一印象，感觉很像图画，线条明显。

图 291　外来摄影师镜头里的糯黑石头寨

（石林县文旅局 2015 年供图）

从村口到村中仍有一段距离，大概 2 公里。沿途是农田，当然还有出名的"猴子塘"。池塘的水很清，恰逢我们进村时，一位妇人在池边浣衣。道路上偶尔有一两辆车驶过。四周寂静，除了我们的谈笑声。村中第一所民居的空地上，一头黄牛伏地歇息，它的身后比较空旷，一辆明黄色的收割机停在空地上。我随手按下快门。现在看来，画面恬静。乡村生活即是如此，昏睡恬静的日常。在里面的人百无聊赖，而在外边的人却只有窝在几十平方米的公寓中寻找片刻的宁静。

图 292　外来摄影师镜头里的糯黑石头寨（毕媛 2016 年供图）

找到住所，放下行李，等店主人归家。可我们还没等来主人便兴致勃勃地开始在村中散步。见到了文献中时常提到的密枝林，它没有想象中的神秘可怖，密枝林的大门是虎、鹰的组合物，在夕阳中通体金光，神圣又透露着憨态，甚是可爱。

我们留宿的这个农家乐，洗漱台是水泥砌起来的，相较于普通的洗漱台长且宽。平时这里除了洗漱之外，也用来清洗蔬菜或锅碗瓢盆，确是十分方便。刷牙时，头脑一反往常的清醒，厅门口传来一阵鸟叫声，凑近一瞧，原来是有几只小鸟一早来串门了。透过门窗，村庄一如既往的宁静，偶尔传来一两声犬吠，或是行人走路的声音，恍如置身桃源梦境。这一刻，我深刻地体会到人与自然的和谐共处，无好事者闯入，无烦心事干扰，眼里是自然之景，耳边是自然之音，平静而自得。

图 293　密枝节当天，密枝林门前，毕摩主持"镐霍"仪式
（陈学礼摄于 2009 年）

图 294　在旅游开发的背景下，勤劳淳朴的撒尼人民敞开大门，
拥抱外来的世界（巴胜超摄于 2009 年）

经过观察和采访，我们发现民居的结构大部分是村民所说的"老式房"结构，开门即是一厅，大厅常常放置着沙发或电视机，这种属于家庭情况较好的。大厅两侧是卧室，厨房有时是房子前独立的一间，有时是房子的一个突出部分。动物生活区一般与人的生活区分隔开来。除此之外，阁楼一般用于晒玉米等农作物。新建的房子仍多沿用"老式房"的结构，只是建筑材料略有变化。另外，部分房屋的屋顶上种有烟叶苗。当然，屋顶上像虎的石像同样令人印象深刻。

图 295　为了开发乡村旅游，2009 年大糯黑的狗
都是拴着的（巴胜超摄于 2009 年）

在这个小村子里，几乎不需要太费心力地去规划路线。每一条弯曲着的、向前延伸的小路即是前方，到达一个地方尔后离开。在继续寻访的路上，我们来到了一个小卖部，此时完全没有想到这个小卖部的主人竟是我们之后三番两次前往采访而不得的采访对象。小卖部的奶奶正是撒尼刺绣

非遗传承人。奶奶年岁大，但是仍尽量满足我们的需求，在我们挑选刺绣之时甚至将自家儿子的衣服找来给我们的一名男性成员穿戴。彩虹包头、撒尼服饰、撒尼背包，可算是当了一回撒尼人了。

图 296　印有大糯黑村落景观的挂历（巴胜超摄于 2009 年）

236

与糯黑见面

肖　陪

　　经过一路蜿蜒曲折的交通，班车缓缓停下来，携带好行李下车，似乎这是个令人激动的时刻。果不其然，转身看到座垒砌的大石头，上面写着几个大字，走近一看，就是糯黑的村口"石头寨"。向前 50 米远远看到一个石头的大门，就是糯黑村的"寨门"，上面插着几面颜色不一的小彩旗，汉字的旁边还有彝族文字。再向前走去，有一个大大的池塘（村民称之为猴子塘），旁边一块大大的石头上新刻写着"云南民族特色旅游小镇"。

图 297　糯黑村大门（肖陪摄于 2018 年）

图 298　夕阳下的猴子塘（赵晗摄于 2018 年）

此时此刻，感觉满怀期待，作为一个喜欢尝试新鲜事物的人来说，进村的第一眼就留下了深刻的印象，虽然与糯黑才刚刚见面，但无疑充满了不错的好感。

安顿好住宿，迫不及待在村子里走一走，拿起相机径直向村子一角走去。远远看去，映入眼帘的到处是石头堆砌的房子，顿时明白了"石头寨"的来源。由于糯黑村地势高低不平，房屋建筑也显得尤为美观、别致。边走边感受着村落里不一样的宁静，伴随着土狗的叫声、拖拉机发动的声音、鸟鸣的声音等等。看着一位大爷在自家门前松土做活（当地指做农活），内心一下子沉浸到这个村落，感受着庄稼人的生活。美丽迷人的风景，不时拿起相机记录。

没逛一会儿，天色已将近暗淡，此时转身回到住宿的农家乐"彝王宴"。这是糯黑村比较有名头的农家乐，主人家曾邵华和花姐非常热情好客，在为我们准备丰盛的晚餐，有当地人最爱的野生蔬菜、腊肉、苞谷酒等等，看得大家口水馋馋。农家乐的一楼悬挂着各种研究学者调研的合影留念，墙上有手写的彝族文字还有许多文艺表演的道具，甚至有些打猎的毛

图 299 民居的通风窗（巴胜超摄于 2009 年）

皮。二楼中间是一个大厅，可以供住宿的朋友座席商谈、嬉戏娱乐；旁边是规整干净的房间，供住宿的来客休息。站在二楼的窗户边，眼前就是猴子塘，时不时还有人在里面洗衣服。旁边还能看到邻居家养的黑猪、墙上挂着一排排的苞谷（玉米），看着接地气的种种风俗物品，有种大饱眼福的感受。这种感受不同于城市里的繁华，而是一种淳朴、宁静和安稳的生活。

239

　　清晨六点闹钟还没响，我就早已从睡梦中醒来，轻巧地穿衣洗漱，生怕吵醒熟睡的搭档。拿起相机出门，此时天微微亮，甚至还有些朦胧的暗淡。我与搭档打开手电筒小心翼翼地向山上攀登，"杜鹃山"是糯黑村的一座观景山，山顶有观景台，能够俯瞰糯黑村村落的布局及村落形态。前一晚做好的计划，看日出的我们按计划进行，爬到山顶仅仅 20 分钟。本以为天还没亮耐心等待，不料一小时仍未见日出，反而看到游动的云雾，似有悲伤却心有感动。于是乎就在观景台享受清晨的鸡鸣鸟叫、欣赏村落雾蒙蒙的田野风光。

糯黑村由于处于岩溶喀斯特地貌发育区，附近的群山多为石山，人们上山采石，依照石头的纹理层次开采，改制成大小不等的石条、石板，用来建造房屋。古老的村民在平整的地方凿石，倚山建寨，据说，挖地基时挖出的石头就够盖一间房子。糯黑民居为封闭式石木建筑，用上过紫红油漆的木材做梁架、门窗，外墙用石板、石块垒砌，内墙用石灰粉刷，屋顶铺扁瓦盖筒瓦。民居布局为楼上楼下两层，三间正方、两间耳房，糯黑村与著名的老圭山遥遥相望，四周青山环绕。村里，几乎家家户户的屋后都有几棵百年老树，细而密的枝叶伸展在石板房上，房前大都栽有一蓬蓬金竹。人在寨中，抬头一片蓝天，放眼葱葱郁郁，一青一绿一蓝，三色交相映衬出撒尼人生活的天地。

图 300　糯黑村毛石墙（巴胜超摄于 2009 年）

由于糯黑村地理环境，当地的糯黑石头甚至成了建房不可缺少的一种商品。糯黑村的山头有一家专门加工生产石头的小工厂，以供附近的人选

240

购石板材料。据当地老人介绍，由于地势因素，有些农户的庄稼地下面有许多石头，他们可以挖掘出来建房或是转卖给其他人，价格由石头的纹路、大小质量而定。而土地里没有石头的人家，如需要建房，那就要去买石头。此外，自从糯黑村被政府部门批准为民族特色旅游区，也规定了当地村民建房时，房子外面必须使用石头、石板修建，以使石头寨的村落形象规整统一，房屋内部不做要求。因此，糯黑村村落特色就是用石头而建的房屋，也因此吸引了许多研究学者、学生实践采风。

图 301　糯黑村青石板路（肖陪摄于 2018 年）

　　糯黑村伊始以来，祖祖辈辈以作农活为主，其中最重要的作物就是烤烟、刺绣、苞谷、土豆、蚕豆等。近年来随着烤烟的规范化，村民的烤烟收入也有所下降。因为烤烟作为一种特殊的作物，为了规范烤烟的利用，政府限制每家每户种植烤烟的数量，并且与村民签订合同，烤烟收成以后卖给政府部门统一管理、销售。村子里也因此大多是年龄较大的村民，年轻人外出务工挣钱，而老人则在村子里做农活作为经济生活的主要来源。有些掌握手工技艺的老人则依靠自身的手工技艺产品的销售补贴家用。如刺绣，作为撒尼人世代传承下来的民族手工技艺，现已列入国家非物质文化遗产保护名录。

图 302　烤烟房（赵晗摄于 2018 年）

　　在采访中，我们针对刺绣进行采访，其中一位就是糯黑村刺绣技艺的传承人毕凤英，她年过花甲，但身体素质很好，也是村子里唯一一位刺绣项目的县级传承人。在采访过程中，老人介绍、展示她纯手工的刺绣产品，也给我们介绍她学习刺绣的文化历程，让我们大开眼界。随着年龄的增大，自身也依靠手工制作的刺绣产品销售来增加收入，同时承担着向外来人传播和弘扬民族文化手工技艺的重大职责。作为一名传承人，对她而言，这不仅仅是一份职业，更是一种民族情怀、一种对世世代代传承下来的技艺的珍重。我们也希望这种技艺能够有更多年轻人学习、了解，把民族的固有文化继续传承下去、传播出去，形成独特的民族文化产业。

　　在村子生活的时间里，似乎整个村落都知道我们的存在。见到的每一位村民都会微微一笑，或许是欢迎我们到来的一种表达。远远看到一位老人步履蹒跚地走过来，我们主动向前打招呼。老人刚开始还有些放不开，也许是我们队伍庞大吧。我们表达来意，希望能够跟老人了解村子里的情况，老人不好意思说自己不会说普通话，我说没关系，我们听得懂。就这样，老人边走边跟着我们交谈起来。70 多岁的年龄要到几公里外的山头去

图 303　彝刺坊（巴胜超摄于 2016 年）

做农活，一路上他针对我们的采访回答，没有任何的厌烦和着急。反而多次告诉我，他要去到山上做农活，离得太远怕我们太辛苦，就这样我们还是跟他一路交流，直到山头下才转身离开。

243

　　另一位老人近 80 岁，据介绍他一生都生活在糯黑村，没有去过外面的大城市看看。相对于今天，我们是多么幸运。跟随他的脚步同时进行交谈，不知不觉间走到了他的田地里，远远一小片蚕豆。看到我们还有很多问题在咨询老人，他主动坐在田野地头与我们畅谈，似乎忘记了来田里做农活的事情。时光过得就是那样快，转眼间 2 个小时过去了，交谈的过程中老人给我们介绍了村落，也讲到自己家庭难念的经。直到我们停止访谈，他才缓缓站立起身，要开始做农活，此时天色已晚，面对老人耐心的解答，我们深受感动。连同一起的几位女生也帮着老人做农活，看得出几位女生很辛苦，这也许是她们少有田间农活的体验吧。生活，最令人动容的往往不是辛苦，而是一片真心。走之前，老人反复强调：自己家里也没什么好吃的，要让我们带些蚕豆回去。我说，留着吧大爷，下次过来我们去您家吃饭。老人说，好啊好啊，转身离去的时候，老人让我们快回去吃饭，而他仍在田地里做农活。

欣喜的是，村子被越来越多的游客熟知，越来越多的游客来到村子里能够带给村子贡献更多的经济收入。特别是近几年政府的大力扶持，不仅给村子里修了平整的水泥路，也为没接电缆线的住户规划得整整齐齐，村落的形象和生活的环境得到很大改善，村民的生活水平也越来越好。

糯黑人的快乐

史龙飞

"快乐"一词在百度中的解释是：灵长类精神上的一种愉悦，是一种心灵上的满足，是从内心由内到外感受到一种非常舒服的感觉。比喻非常开心、非常高兴的人。

基于对大糯黑村的调研，让我对"快乐"一词有了更深的理解和感悟。

大糯黑村没有进行太深的旅游开发，原生态维持得比较好，商业化并没有过多地侵蚀这里。这里经济虽然不是很好，但这里的人们过着自给自足的生活，非常的快乐。

何氏祭祖在山上举行，人们席地而坐，与树木为邻，与鸟儿为伴，饮酒唱歌，快乐甚多。祭祖的这天，人们起个大早。拿着羽毛艳丽的鸡，排着队到神台去杀。先跪拜，然后再放血，之后拔几根羽毛，在神像两侧各贴一些，最后再鞠躬离开。这样做是为了表达对祖先的敬重，意思是祖先允许我杀这只鸡，吃这只鸡，得到了祖先的祝福。没有人要求他们这样来做，是他们自发，自愿的，发自内心的要来神台这里杀鸡，完成这样一个流程。从他们脸上洋溢出的神情，就可以看出他们对祖先的崇敬。这算是一种信仰吗？有信仰的人的快乐，我这算是第一次感受到。

第一次感受到的还有"祝酒歌"。在山上拍摄的时候，当地人热情地邀请我们跟他们一起吃饭喝酒。正吃着的时候，大家突然起身唱起了欢快的"祝酒歌"。虽然我们几个听不懂歌词，但从他们的歌声中我们听到了彝族兄弟的真诚、豪爽和坦荡。令人热血沸腾、心神向往。特别激动的是他们还为我们几个远道而来的客人，特地唱了一首。借着酒劲，我们也别扭地扭动着身体，跟他们跳了起来。他们不仅在自己家唱"祝酒歌"，还会去别人家串场，和别家人一起唱歌跳舞。看他们开心快乐的样子，我也深受感染，内心一阵激动，湿了眼眶，这种发自内心的快乐似乎好久没有过了。

图 304　唱祝酒歌（史龙飞摄于 2017 年）

246

图 305　邀请我们"蹭饭"的何大哥们（史龙飞摄于 2017 年）

　　大家在山上吃的，最常见的一种食物就是烧饵块了。做法非常的简单粗暴，就是直接把饵块扔到火堆里，烧一会儿拿出来，把灰拍一拍，然后用手掰一掰，放到自家分的牛肉汤里，美味就成了，也可以蘸点盐巴吃。（牛在杀完煮完之后，74 户何家人每家必须要去认领一份牛肉，其他家姓氏按需要来登记认领）。

图 306　在火里烧过的饵块（史龙飞摄于 2017 年）

　　还有一个简单粗暴的，就是烧辣椒。这种长的辣椒是村子里自己种的，拿上山来，也是直接放在火里烧，烧完拿出来，把灰拍掉。吃一口蘸着盐巴的烧饵块，这边再咬一口刚烧好的辣椒，最后再喝一口当地的苞谷酒，大家享受其中，快乐无比。

　　当地老人家一边吃着，一边热情地跟我们聊天。不仅给我们讲述了很多何氏祭祖的种种，还给我们讲了大糯黑村，彝族人的文化和当地人对于旅游开发的认识与态度问题。他说道：我们还是比较欢迎搞旅游的，能提高我们的收入。但是即便搞了旅游，像我们这种没有钱的也还是没有办法。老人已经七十多岁了，说到这里我们沉思了一会儿，但他接着又说：

247

"没什么嘛，喝酒喝酒，我们现在也不差。"抽了一口烟后，继续说说笑笑。

图 307　抽水烟（史龙飞摄于 2017 年）

图 308　钓鱼（张磊摄于 2017 年）

248

在调研过程当中，我们遇到的大糯黑人都很快乐。似乎没有什么事情能够影响到这种快乐。希望他们能够守得住这份淳朴，一直快乐下去。

图 309　糯黑村的摔跤比赛（张磊摄于 2017 年）

图 310　绕麻线（陈学礼摄于 2009 年）

249

祭　祖

陈俊岚

　　带着几套拍摄设备和大大小小的行李，走了一会儿觉得实在不方便，便打电话给我们住宿的老板娘让她派一个车来接我们，我们边走边等，不一会儿来了一辆三轮车，还是"敞篷的"，我们坐在"敞篷"后面，由于路不太平坦，加上三轮车自身抖动也比较大，要费好大的劲抓紧才不会被甩出去，这种自带抖动功能的"敞篷"我也是第一次坐，在上面风打在脸上，又心酸又觉得有点有趣。十二月已是冬天了，坐在后面吹着冷风，有点儿瑟瑟发抖，也算是一种特别的体验，三轮车带我们开始了这趟有趣而又充满挑战的调研生活。

　　中午吃完饭，我们准备去糯黑祭祖的山上看看。老板娘建议我们不要去，说今天没有什么活动，我们为了提前了解情况还是决定先去看看。一路上看到什么有趣的就拍拍，多拍点素材总是好的。不过最有趣的还是我们的"躲车记"，这是我们自己取的名字，因为乡村的路都是泥土，只要有车经过总会掀起一阵"沙尘暴"，开始只能特别无奈地站在路边等着被风沙淹没，后来我们只要听到车来了的声音就马上跳到田野中躲得远远的，因为总有车不停地经过，一开始觉得很无奈，后来躲着躲着大家都不约而同地笑了，最后倒成了路途中的一种乐趣。

　　四点到达山顶，山上有少部分人在为明天的祭祀准备着，这些人都是姓何的人，他们在用树枝和麻布袋装饰明天晚上的住处，多多少少能挡点儿风，他们说明天晚上男性基本都要住在山上，女性则必须得下山，听到这儿我心里松了一口气，还好女性必须要下山，不敢想象这么冷的天在山上随便一块地上睡下是什么感觉，心里默默同情他们男生。

图 311　村民的野餐（陈俊岚摄于 2017 年）

图 312　扛柴上山的村民（陈俊岚摄于 2017 年）

图 313　上山祭祖（陈俊岚摄于 2017 年）

何氏祭祖第一天，我们一大早起来就上山了，清晨太阳还没有升起，山上还有点雾蒙蒙的，为了赶时间一路上没怎么歇过，就当作是在爬山晨练了。

大概九点祭祀开始了，好几个大汉用绳子把牛捆起来放倒在地，光是把牛放倒在地上都花了好大的力气，感觉到了人在牛面前力量的弱小，好在因为把牛的四肢都捆起来了，最终在几个大汉的努力下成功地放倒了牛。隔了好一会儿一个人拿刀出来准备杀牛，我不太敢看这个过程，等我再次看过来时牛的脖子上已经有个洞了，鲜血一直往外流，村民们用一个大盆子装牛的血，牛就那样号叫着，我看到牛的眼睛还是睁开的，眼角仿佛还在流泪，它的眼神是痛苦的，也许我是第一次亲眼看到这种场景，再加上看到牛无法闭上的眼睛和疼痛的哀号，心里有种莫名的忧伤。但是拉着牛的几个人对此就见怪不怪了，只是熟练地做着他们该做的工作。挺大一头牛，血流了好一会儿才流完，把牛血端走后大家就开始割牛肉了，先是割皮、然后截肢，有几个人在另一边再把这些肉割成小块拿去锅里煮，他们的分工很明确，没有人闲着，一切都井井有条。大家为了这个祭祀活动忙碌着，有同样的信仰，为同样的目标去做事也许就会变得更容易，更团结。

图314　何氏家族成员分切祭祖的牛肉（陈俊岚摄于2017年）

　　割牛肉割了好久，快十二点的时候终于结束，大家拿出从山下带的食物简单地吃点儿，据说晚上会每家分一点牛肉吃。下午陆陆续续地有人背着东西上山，把自己的位置打理一下，然后准备着晚餐，每家每户几乎都在做着同样的事情。大概五点的样子广播就通知来领牛肉了，牛肉是用一个大勺子舀的，一勺就是一份，每家人要几份得先告诉毕摩，毕摩记录下来才可以去领。

　　六点左右，大家领完牛肉就开始吃饭了，今天的山上非常热闹，从没见过整座山上都是人，像在这里搞野炊似的，气氛特别好。最大的感受就是这里的人都很热情好客，我们一看就是外地人，东逛逛西问问的，跟他们也完全不熟悉，可每到饭点遇到他们的时候，他们总是很热情地叫我们吃饭，看到他们如此热情有些时候真不好意思拒绝，所以中午和晚上我都

图 315　村民们听到广播后提着桶来排队领牛肉
（陈俊岚摄于 2017 年）

吃了两顿，本以为来这山上可以顺便减减肥，没想到并不会被饿肚子，反而吃得更多。

何氏祭祖第二天，据说今天早上是最热闹的，所有人都会去祭祀台杀鸡，包括很多其他姓氏的也会来。

八点过到达山顶，祭祀台前已经陆陆续续地有人来杀鸡了。他们每个来祭拜的人手里都拿着鸡、碗、刀和香，我们祭祀的时候一般都是三支香，一起插在中间，而他们基本都是拿的四支，祭拜的时候左右两边各两支，我以为这有什么特殊的寓意，便询问此次负责祭祀活动的主持，他却说没什么特别的寓意，三支四支都可以，大概是为了两边协调好看吧。上了香过后就开始杀鸡了，拿着的碗是为了接鸡血，杀完他们会拔下几根鸡毛贴在祭祀台两边，以示意祖先他们来祭拜过，这几根鸡毛也是有讲究的，必须是鸡身上最漂亮的几根，表示他们对祖先的尊敬。杀鸡活动的盛况一直持续到九点过，后面就只是偶尔有稀稀拉拉的几个人来了。

图 316　村民拿着早已选好的鸡到祭祀台前来杀鸡祭祀（陈俊岚摄于 2017 年）

图 317　跪拜完之后，杀鸡放血（陈俊岚摄于 2017 年）

255

　　他们把祭祀过的鸡作为午餐，每家人都在忙活着，有些用来熬汤、有些是小煎，还有红烧的，各式各样，他们忙活着就像我们过年一样高兴、热闹。十点过广播又传来声音，说的当地语我听不懂，但是看到大家拿着桶到煮牛肉的地方去排队，大概就是在通知去领牛肉了。十一点过快吃午饭了，在吃饭之前他们要把食物先祭拜给祖先，然后才自己吃，这一次祭拜就不像前两次是一家人派一个代表来祭拜了，而是一大家人都一起来祭拜，有些家族比较大的能把整个祭祀台站满。祭拜完过后就开始吃饭了，今天中午的饭可以说是最隆重的了，既有牛肉还有鸡肉，还有一些从山下背上来的其他菜。我发现他们带的碗也很多，除了自己家的人用的都还会剩很多空碗，一开始我不太理解，后来联想到他们的热情，我猜这大概就是为了准备随时招呼客人用的吧。

图 318　何氏祭祖（陈俊岚摄于 2017 年）

256

吃完午饭就陆陆续续地有人收拾着下山了，留下一些何氏的人清点祭祀的钱，这些钱据说是下一届祭祀修路用的，交由主持保管。这一切都弄完后就是选择下一届主持了，他们坐在祭祀台前，一边喝酒吃肉一边聊天，在这个喝酒聊天的氛围中不知怎么的就推选出了两位下一届的主持，随后放鞭炮庆祝，随着鞭炮声的结束本次祭祖活动也算圆满结束了，大家都下山了。我们是最后下山的，此时的山上一片寂静，与前两天的热闹形成了极大的反差，好像童话里的奇妙世界，突然出现又突然消失，恢复往日的平静。

五　桂北瑶寨

感知红瑶的生命表述

冯智明

　　山高连透，溪水伏流；所谓红瑶，过山置水；梯田稻作，文化绵长；敬畏生命，崇神祀祖。

图 319　除夕晚上，"抬狗贺岁"（赖景执摄于 2017 年）

　　我与红瑶的缘分始于 2007 年 8 月博士入学前的踩点调查。时光如白驹过隙，在这 11 年的光阴中，我始终以红瑶为主要研究对象，这个族群见证了我的学术成长之路，已深深融入我的工作和生命中。行走于龙胜大大小小的红瑶村寨，从村落景观到空间观念，从人生礼仪到身体象征，从身体认知到疾病疗愈，我亦力图从主位视角感知和体悟红瑶人的生命表述。在我看来，正是由于红瑶人拥有独特的生命理解和表述系统，才在有限甚或艰难的生存环境中创造了丰厚的物质景观、文化景观和仪式体系，并在全球化和"流动"已成为主流的今天，仍与周边族群保持着较为鲜明的文化边界。而深入理解和"感"同"身"受异文化群体的文化逻辑，恰恰是人类学的宗旨之一，也是人类学者与大众观光者和文化猎奇者之不同。

图320 大寨村红瑶"六月六"半年节，红瑶一大盛事，
每年农历六月初六举行，瑶嫂在河边梳洗长发（赖景执摄于2017年）

图321 红瑶"还愿"仪式（赖景执摄于2017年）

260

图 322　红瑶"还愿"仪式中鬼师诵经，助手奏笛（赖景执摄于 2017 年）

图 323　红瑶传统饮食：打油茶（赖景执摄于 2017 年）

图 324　红瑶自制的熏腊肉
（赖景执摄于 2017 年）

　　大寨是较早开发旅游的龙胜红瑶村寨，地处金坑梯田腹地，由于摄影家李亚石的一组风景照而揭开神秘面纱，逐渐从一个"养在深闺人未识"的高山瑶寨转变为旅游胜地。为了对红瑶的两个支系进行比较研究，我于2008 年 9 月跟随桂林理工大学吴忠军教授的团队来到大寨，对其民族旅游现状进行调研，在之后几年的博士论文田野调研中，我独自走遍了大寨、小寨、旧屋、中禄等金坑地区的红瑶村寨，对红瑶的空间分布和社会文化有了更全面的了解。由于做身体和仪式研究的兴趣，我的调查集中于金坑山话红瑶的信仰体系、各类仪式、民俗医疗、宗教职能者等，在大寨村田头寨、旧屋寨偶遇草医、杠童，在大寨和小寨数次参加还愿、安龙、葬礼的情形如今仍历历在目。

图 325　清晨，烟雾萦绕的大瑶寨（赖景执摄于 2017 年）

图 326　手脱玉米粒的红瑶阿爷和小孩（赖景执摄于 2017 年）

彭兆荣教授的"乡土景观"项目需要在龙脊选择一个少数民族村落，

根据我对周边村寨的了解和比较，我选择了大寨，原因在于其既较好地保留了红瑶传统文化，又在旅游新业态中涌现出巨大的变化，是一个有研究张力的场域，诸多问题值得探讨。带领团队进行田野调研过程中，在按照"五生"景观模型展开调研的基础上，我们重点关注了红瑶民族文化景观和梯田稻作农耕景观，以及二者之间的关系。这一主题自然又与我之前对红瑶生命表述的思考联结起来，其是一个循环的系统：自然生态—稻作农耕—梯田景观—稻作文明—民族文化—旅游开发，环环相扣又相辅相成。而支撑这一系统的内核即是红瑶对自然环境和空间的认知、营建和改造，对人与自然关系的处理，以及对人之社会过程和价值的构建。

图327　调研团队成员与磨豆腐的红瑶阿婆合影（赖景执摄于2017年）

263

再一次穿行在熟悉的山间小道和狭窄的田埂间，听着熟悉的瑶话，与故人访谈，不断加深着我对大寨景观和红瑶人的理解。我越来越意识到，乡土景观的"五生"是一个缺一不可、生生不息的生命体系，在以梯田农耕景观为核心的大寨，探索景观的生命史叙事显得尤为重要。瑶族在历史上是从事刀耕火种的迁徙民族，至今大多数支系仍以高山旱地农耕为主，村寨规模普遍小而分散，而红瑶却在崇山峻岭中开山造田，掌握了精耕细作的稻作技术，创造了举世瞩目的壮观梯田景观和农耕民族文化。这一方面基于红瑶人艰苦卓绝的民族精神，积极适应生存环境，向周边汉、壮等民族学习稻作技术；另一方面基于红瑶人处理人与自然关系的生态智慧和空间认知，尊重自然，巧妙地依山就水开凿高山梯田，依托山顶森林，建造科学的灌溉系统。在当下的旅游业态中，梯田景观和民族文化转变为两大核心旅游资源，反过来，旅游中的民族文化展演和梯田维护政策亦促进了梯田稻作技术的保存和红瑶民族文化的传承发展。

图 328　调研团队成员与瑶胞围炉用餐（赖景执摄于 2017 年）

图 329　用纺纱车挑花的红瑶阿婆（赖景执摄于 2017 年）

264

　　"青蛙一跳三块田"，狭长带状的金坑梯田沿龙脊山脉盘桓而上，如一圈一圈的年轮，是红瑶先民用血肉筑就，也是大寨稻作农耕文明生命史的物质景观见证，而在感叹美丽景观的同时，更有价值的事情是，感知和理解其背后的关于人、自然、社会关系的表述，以探寻更好的可持续发展之道。我想，我与红瑶的缘分依然会延续下去，对红瑶村寨当前命运的追踪研究不仅仅是情怀，更是一种责任。

图330　在田间手工挑花的红瑶阿婆（赖景执摄于2017年）

265

背篓之情

赖景执

桂北龙胜县龙脊山区素有"九山半水半分田"之称，南岭支脉在这里四处延伸形成了纵横交错、山陡谷深的地貌特征。为此，山地中的人们大多依山险而居，沿河而宿，以山为伴，以山为生。由于背篓的沉稳与山之特性相辅相成，山地民族对于作为生活用具的背篓可谓情有独钟。这一份情，我在龙脊瑶寨的田野调查之中饶有感触。

有道是，田野之中本无所不有，对于文化理解的倾向取决于作为"他者"的调查者所投视的角度。再者，不断累积的田野调查经历常能协助我们体察地方性文化的深层逻辑。我已经不是第一次踏入这里，这一次，我却特别能感知到背篓的工具性与山地人们的传统生活习惯是难以分割的。

同往常一般，我先从桂林市区的汽车站乘坐班车前往龙胜县城。桂林至龙胜的班车有两种类型，一是直达班车，汽车全程行驶高速（桂林市到三江县的高速公路新近开通），时间快，舒适度高；二是普通班车，顾名思义，此车可招手即停，在村落散布的沿途随时会有乘客上下车。普通班车是在行驶了一程桂林到龙胜的321国道之后始从宛田入口驶入高速公路，在时间上要多耽误一些，但两者之间价格相差7元。而我向来都倾向于乘坐普通班车，田野调查本是"烧钱"的事项，有时候票价固然会成为调查者选择行走路线的考量因素之一，但作为"他者"的参与观察者，在普通班车的乘客群体却更能让我体验当地的真实文化路径。据我观察，几乎没有观光游客选择乘坐普通班车，往往是时间不紧急而又顺便省些费用或者居住在县城附近的乘客才选择乘坐此类班车。进一步而言，在这样的车厢空间内我更能近距离地进入当地人的生活，说不定还会有意想不到的文化触动，或者撞上只可偶遇不可期求的临时报道人。作为田野调查者我们总是力求在自然的日常中获得最重要的文化感知。

图 331　村寨里随处可见的背篓（赖景执摄于 2018 年）

267

　　到达龙胜县城时已是晌午，我简单用餐之后遂前往可乘车到村寨的小站点候车。说是小站点，其实是一个五金门面正对着路边的门口区域，它是约定俗成的。由于位处十字路口，小巴的停车位置佳，在此候车的人多了便自然成了车站点，它是乡土生活中熟人社会的产物。从县城到村寨的交通工具是小巴车，也称龙脊景区旅游线路班车，游客也可乘坐此班车前往龙脊景区的平安壮寨、大寨（瑶寨）、小寨（瑶寨）三大梯田观光景点。班车是按固定时间到站的，由于小巴车未到，候车的人们三三两两地在闲聊着。细看，虽然是热天，中年女性却都作传统的褶裙服饰打扮，且大多为瑶族服饰。人群的一旁则放置着几个形制不一的背篓，背篓里均盛满了物品。而在大街上行走的人流中也有不少人背着背篓行走。这些背篓一般为竹篾编制，也有以扁平硬质的塑料绳编制，但开口的大小与圆鼓的形状则并无二致。背篓所装载的物品多且杂，其中以生活用品居多，有些农用物品也会杂放其中，如农用刀具、农药等。其间，我与一旁的70多岁潘姓老奶奶攀谈起来。她操着一口并不生涩的普通话，如拉家常般地与我讲述她此次进城之目的，自此，我与她结识了。不觉间，班车来了，乘车的人并不算少且略显拥挤，我寻思着最后再上车。在我抬头向车上望时，已先上车的潘奶奶用手招呼我赶紧上车并示意我坐在她旁边的空位，我应允并表示感谢。一路上，我与老奶奶闲聊她的生活境况。她虽已到古稀之年，却能以流利的普通话与我对话。她表示自己之所以能操说上几句"普通"的普通话是听村里的人与游客交流时学来的。以我之前的田野调查经历来看，在村寨里像她这样的老人家会操一口流畅的普通话的着实不多，一般的老人们也仅能以桂柳话与外人交谈。

图 332　肩挎背篓下地的红瑶人（赖景执摄于 2018 年）

　　班车途经和平乡（2014年改称"龙脊镇"，当地人仍按旧习称"和平乡"）时上下了一些乘客，一位身着褶裙的老奶奶将装满物品的背篓放置在了车后门的空处，她与潘奶奶以瑶话交谈一番之后即从前门上车就座了。车到达村寨后，潘奶奶便邀我到她家喝口茶，而我也自感话题意犹未尽，便答应前往，她很是欢喜。潘奶奶家住离村寨门口不远的平坝处，到家后她热情地招呼我进屋，一进门，偌大的木屋大厅即让人感到丝丝的凉意，在大堂两侧各有两间隔房，其中一间为厨房，其他为储物间，二楼为卧室。进门的右后方放置了一台电视与一张软质沙发和桌子，为用餐与娱乐的空间。门口的左侧则杂放着背篓、钩刀等农具。待坐定之后，我才意识到刚才将背篓放于车后门的背篓老奶奶也一同到了潘奶奶的家中。我微笑地与她照面，她与潘奶奶年龄大致相仿，由于不会讲普通话，在我与潘奶奶交谈时，她便略显沉默了。在她的背篓里则堆置着肥料、大米、豆奶饮品、生肉等农用与生活用品。她到潘奶奶家是为了顺道取其先前寄放在这里的物品，她的家则住在距此两公里左右的半山腰。由于物品较重，当她要离开时，我主动提出要帮忙搬送。她们极为高兴地用潘奶奶家的另一个背篓分装了物品之后，便帮忙把其中的一只背篓背挂在我身上。由于我常有干农活的经历，背负重物对我而言，倒也不陌生。但是，要克服山的斜度并承受一种非直立的身体压迫感必然是不同的体验。在举步登山行走时，物品的重量便会通过背篓的篾条集中在背部，因此，篾丝的细腻程度决定着背篓与背部接触时舒适感。挑担给生活在山地的人们带来了极大的不方便，在村寨里，由于山路狭窄，除了用马匹运送更重的建材外，其他的山货或衣物等都由人来背担。背在双肩上的背篓虽因加重而给人带来了负重感，但也坚固了人体的中心位置，使人们在山路上行走得更加平稳，进而降低了单人行走山路时的颠簸与摇晃。由于我步履稍快，她示意我走在前头，沿着石板路约十五分钟的山路便到，一路上来我颇感疲累，而她却从未停歇过。踏进她家门口，背篓老奶奶让我赶紧将背篓放下。从木房的家居布置和房屋的形态上看，她家里甚是贫苦，家门口贴着醒目的"扶贫户"的国家认定标牌。对于我的援手，她甚是感激，便从家中的电冰箱里取出三个自家种的"黄瓜"来答谢我，为不辜负她的善意，我欣然接受。由于村寨里的肉菜价贵且可选择性低，因此，久居山地的瑶族人每到镇上或者县城均会购买一定量的食品储藏于冰箱中以降低生活成本。作为现代性生活中高科技物质标识的冰箱与居室内的破旧物品形成的鲜明对比，也使我萌生了疑虑。平心而论，她的境况并不足以负担因购买一台冰箱所带来的生活压力。后来，我才发现在一间黝黑房间里还放着一台数字电视机，用老奶奶的话来说，电视机和冰箱都是"公家"送的东西。临走时，她甚是不舍，虽然我未能完全理解她的言意，但从肢体动作与表情中我读懂了她无言的谢意。老奶奶再三要送我到离门口较远的巷口，我只好示意她留步。转身下山的那一刹，我心中不自觉地被这样的淳朴与人情深深地触动。

270

图333　肩挎背篓背运游客行李箱的红瑶人（赖景执摄于2018年）

按照田野调查的规范与学术素养的要求，当在田野调查中面临价值判断与情感抉择时，调查者往往被告知要"客观"。而这一次，作为生物个体的人，我放任了自我的主观情感，这样的田野遭遇让我心生怜悯并更有所思。这般不寻常的际遇让人、背篓与文化认知交织在了一起。细想，对于南方的少数民族，特别是山地民族，"背篓"是他们山地生活中的良好伴侣。诚如土家族被称为"背篓上的民族"，他们不仅以背篓装送物品，甚至也用来背小孩。在大寨村，双肩带的背篓已是瑶民们生活中不可或缺的一部分。背菜、背运稻谷、背送游客行李、背装旅游工艺品，无论生活的方式如何变迁，人与背篓的固有的生活关系与深厚情感仍然存续。

在田野调查中，作为物质的背篓勾连了人与人之间的理解，展演着人与社会之间的动态关系。因为背篓，我体验了一种生活方式；因为背篓，我浸染了一种文化惯习；因为背篓，我理解了一种人文类型。一篓五六十斤的稻谷对于身体所带来的负累是短暂的，但以背篓来突破地理环境对人类造成的困境所表征的山民智慧却是悠远的。瑶寨里的人们对背篓的坚守宣示了寨民们以不变的智慧应对着社会生活的时刻变迁。

"我"之"多情"与寨民的"长情"凝结成了这一份厚重的背篓之情。

271

图334　肩挎背篓为国外游客背运行李物品的红瑶人（赖景执摄于2018年）

六　回到江村

我的房东奶奶

王莎莎

　　2017 年 11 月 13 日，承蒙彭兆荣教授给予"重建中国乡土景观"村落考察的机会，我在 2014 年离开江村田野后，第三次来到江苏吴江，再访江村。能再一次回到江村的"家"，见到"亲朋好友"，我感到十分兴奋，提前给房东阿姨打了电话问候。抵达当天，她为我们准备了丰盛的晚餐。当天下了大雨，我们到村里时已经是晚上六点多了。

　　快走到巷口时，我看到一个熟悉的身影，房东奶奶打着一把已经有点坏了的旧伞，冒着风雨在巷口一直在等，我迫不及待，赶紧跑了过去，抱住了奶奶瘦小的身体，搀扶着她一起走，奶奶高兴极了，我询问奶奶的身体状况，她去年曾摔了一跤，落下了关节疼痛的毛病，听到这里，我不禁鼻头一酸，奶奶竟不顾自己的身体在风雨中等我。

　　2013—2014 年在江村田野考察的几个月里，我和奶奶建立了深厚的感情，她把我当作她的亲孙女儿，对我十分照顾。房东阿姨由于白天要上班，我中午的饮食就交由奶奶照顾，所以每天中午我和奶奶一起在她的灶房吃饭，晚上则是和房东一家三口人一起吃，奶奶仍然独自在灶房吃晚餐。奶奶平时生活节俭，但还是尽量每天保证给我至少做三个菜，鱼、肉、蛋也换着给我吃。她习惯用传统的老灶烧饭，做出来的饭菜非常好吃。

　　我有时候也想力所能及地帮她干一些活，但她总是不让我动手，我从她的眼神中可以看到，我能陪她聊天说话，她就非常开心了。我是北方

图 335　我在江村的房东奶奶（王莎莎摄于 2013 年）

人，刚到江村的时候听不懂这里的吴语方言，奶奶由于年纪比较大，不太会说普通话，我们就这样更多地靠神情交流，渐渐地我能听懂一些了，就尽量多跟她说说话，在村里遇到不懂的人或事，也常常向她问询，她总是尽可能地给我解答。

江南的冬天比较湿冷，我在这里第一次度过没有暖气的冬天，每晚都冻得手脚冰冷，每天晚上房东阿姨都会给我准备一暖瓶的热水，奶奶担心我不够用，常常都给我多放一瓶。

奶奶有两个儿子一个女儿，两个儿子分别成了家，女儿出嫁，丈夫去世后，她一日三餐在自己的老灶房里吃饭，白天偶尔在大儿子家里待一待，晚上则睡在小儿子的家里。一开始我不理解为什么晚饭她也是一个人吃，明明旁边就是大儿子家，小儿子家离得也不远，相信多一个老人的饭应该不会是太大的负担，后来才了解到这是分家分灶的结果。

奶奶最常跟我倾诉的就是"一个人好苦"，虽然他的两个儿子和女儿都很孝顺，她没有物质生活上的担忧，孙子孙女甚至曾孙曾孙女也都有了，但是自己却常常寂寞苦闷，无人诉说。家人各自忙碌，平时偶尔跟邻居聊一聊，每逢特定日子，则是去庙里聚会。村里的很多老年人也是如此，他们大都时常与孤独相伴。

费孝通曾在 20 世纪 80 年代"三论"中国家庭结构的变动，其中谈及了村落中的老年人赡养问题，那时他已经注意到老年人的"空巢"现象和精神方面的反馈问题，子女对父母的赡养义务不仅是在经济层面的反馈，更要有感情生活上的反馈。中国传统的孝道理念中"养儿防老""天伦之乐"是对人的晚年生活的美好期待，然而，在今天随着经济的发展和社会文化的变迁，老年人却成了一个家庭中越来越不被重视和关怀的群体。

图 336　师父及团队成员在江村（王莎莎摄于 2017 年）

我一直都认为，老年人并不是家庭和社会的负担，而是财富，他们有着富足的人生阅历和对子女的无私奉献。可能因为我从小是由姥姥姥爷带大的，所以对老人总有着一种特殊的感情，不愿看到他们受苦受累，自然地认为我们应该力所能及地给予家中长辈更多的尊敬与爱护。

　　此外，我们在做村落的各种考察工作时，也看到村里的长者往往是最为了解当地各项事务的人，所以更加敬重他们。

　　人至晚年，付出良多，所求极少，我们应给予他们多一点关心，多一些陪伴。愿我的房东奶奶健康长寿。

后记　缺席的"在场"

张　颖

2017 年以来，由彭兆荣教授牵头组织的"重建乡土景观工作坊"吸引着越来越多的专家学者、学生志愿者参加。其中有我敬仰的前辈老师、熟识相知的学界同行，和那群尚待雕琢的弟子学生。一年多时间，十余次集结。所有人超负荷无偿付出的动力，皆因中国城镇化建设中乡土景观岌岌可危。恰如彭兆荣教授所言，家园遗产岂容背弃，乡村振兴学人有责！

工作坊的阶段性成果即将结集出版，老师嘱我作后记。诚惶诚恐之余，纠结着要从何说起。虽然博士后出站就跟随老师致力于此，自己的国家社科基金课题也是聚焦于少数民族传统村落景观同质化危机及其对策研究。但从去年在国外长期访学以来，我其实是工作坊实地考察的"缺席者"。提笔构思之时，却惊觉这样的缺席，反而给我提供了与身在其中完全不同的视角和感知。

以"乡土景观田野影像志"命名本书，团队的初衷是试图将传统民族志"文字书写"同视觉媒体化"图像指涉"相结合，体现人类学的思维方式与观看行为。人类学者在田野工作时，当然离不开理论的指引。但民族志本身在论及规律和意义之前，总是需要贴近并体现人群生活的细微末节。所以民族志既不是简单纯粹的关于他者的科学记录，也不是研究者个体知识、心理的单一呈现，我们可以将其视为因"存在"而相互影响建构的活态图景。

因此，这本田野影像志没有刻意规范图文的形式内容，亦毋需计算编排田野点的轻重顺序。诗歌散文、杂论游记，不一而足。叙事，或简约凝练或细致生动。抒情，或直抒胸臆或含蓄蕴藉。图文配合的方式，直观呈现出田野点晨曦薄雾的山水意境、古建民居的素朴雅致、生产劳作的旱涝丰歉、日常生活的亲疏厚薄……甚至连调查者与访谈人的面部表情、肢体动作都能纤毫毕现。更为重要的是，从研究者们在同一时空、对同一对象的阐释表述中，我们发现所有的研究活动其实都不可避免地携带着研究者自身的认知框架和认同逻辑。而种种研究成果，也是由研究者所携带和归属的社会历史语境或学科传统所建构出来的、有局限的产品。人类学的田野工作就是这样一种开放性实践，即人类学者以"在场"的姿态，去呈现非权威的文化生成过程。

我们希望透过这样的实验，去打破"自我"与"他者"决然二分的方法立场。当人类学者在影像中同样成为被观看的对象时，影像彻底解除了"他者"的伪装，主客体之间的绝对界限也因之消弭，得以解放。田野影像志所强调的"在场"，就是要在主客体相互影响建构的关系呈现中，实现对民族志材料本身的反观与反思。并在此基础上发现自我、他者同时在场的妙趣所在，达成理性精神、审美意味和诗性品格的"三位一体"。实验刚刚开始，实验还将继续！

最后，我谨代表团队所有成员衷心感谢田野调查点父老乡亲的参与支持，感谢四川美术学院科研处的立项协力，感谢中国社会科学出版社的审订编排。更要代表大家感谢彭兆荣教授的无私付出与学术引领。谨遵师嘱：志不强者智不达，唯不忘初心，方能砥砺前行。